UTB

W0290722

Eine Arbeitsgemeinschaft der Verlage

Böhlau Verlag · Wien · Köln · Weimar
Verlag Barbara Budrich · Opladen · Toronto
facultas.wuv · Wien
Wilhelm Fink · München
A. Francke Verlag · Tübingen und Basel
Haupt Verlag · Bern
Julius Klinkhardt Verlagsbuchhandlung · Bad Heilbrunn
Mohr Siebeck · Tübingen
Nomos Verlagsgesellschaft · Baden-Baden
Ernst Reinhardt Verlag · München · Basel
Ferdinand Schöningh · Paderborn · München · Wien · Zürich
Eugen Ulmer Verlag · Stuttgart
Konstanz, mit UVK/Lucius · München
Vandenhoeck & Ruprecht · Göttingen · Bristol
vdf Hochschulverlag AG an der ETH · Zürich

Michael Benesch, Elisabeth Raab-Steiner

Klinische Studien lesen und verstehen

facultas.wuv

Bibliografische Information Der Deutschen Nationalbibliothek
Die Deutsche Nationalbibliothek verzeichnet diese Publikation in der Deutschen Nationalbibliografie; detaillierte bibliografische Daten sind im Internet über http://dnb.d-nb.de abrufbar.

1. Auflage 2013

facultas.wuv Universitätsverlag, Stolberggasse 26, 1050 Wien, Österreich

Umschlagfoto: © „doctors meeting", Andres Rodriguez – Fotolia.com
Lektorat: Mag. Verena Hauser, Wien
Satz: Facultas Verlags- und Buchhandels AG
Einbandgestaltung: Atelier Reichert, Stuttgart
Druck: CPI books
Printed in Germany

UTB-Band-Nr.: 3982
ISBN 978-3-8252-3982-4

Vorwort

In unterschiedlichen Disziplinen wie Psychologie, Soziale Arbeit, Medizin, weiteren Gesundheitsberufen oder auch in der Soziologie entstehen für statistisch bzw. epidemiologisch wenig vorgebildete Leser und Leserinnen immer wieder Schwierigkeiten, empirische Studienergebnisse zu verstehen und professionell zu beurteilen. Es gibt kaum gut lesbare, verständliche Einsteigerliteratur, welche den Studierenden sowie nicht einschlägig vorgebildeten Praktikern erläutert, wie statistische Resultate aus medizinischen und sozialwissenschaftlichen Publikationen zu verstehen, zu interpretieren und schließlich zu bewerten sind. Deshalb entschlossen wir uns, diese Lücke mit dem vorliegenden Buch „Klinische Studien lesen und verstehen“ zu schließen.

Unserem Erfolgsrezept treu bleibend, welches wir bereits bei unserem ersten gemeinsamen Lehrbuch „Der Fragebogen. Von der Forschungsidee zur SPSS-Auswertung“ (mittlerweile bereits in der dritten Auflage bei Facultas erschienen) umgesetzt haben, bedienen wir uns auch in diesem Buch einer elementaren und unkomplizierten Didaktik bei der Vermittlung komplexer Inhalte. Wir möchten vermeintlich schwierige statistische sowie epidemiologische Inhalte sehr vereinfacht und gut verständlich transportieren. Dabei wird zum Großteil auf komplexe Darstellungen von Formeln und Herleitungen verzichtet. Falls jedoch unumgänglich, gestalten wir sie gut nachvollziehbar, unnötige Zwischenschritte werden vermieden. Das Wesentliche, also das Praxisrelevante, wird in den Mittelpunkt gestellt. Somit nehmen wir die Herausforderung der Gratwanderung zwischen nötiger Tiefe und seitens der Leserinnen und Leser gewünschter Einfachheit erneut an: Unsere Erfahrung aus der universitären Lehre und zahlreichen Seminaren zeigt, dass die Vermittlung derartiger Inhalte in sehr elementarer Art und Weise große didaktische Anforderungen an Vortragende stellt.

Aus mittlerweile rund 50 Seminaren (abgehalten beispielsweise für Außendienstmitarbeiter von Pharmaunternehmen, Ärzte, Wissenschaftler verschiedener Disziplinen, Klinische Monitore, Studierende unterschiedlicher Gesundheitsberufe und Sozialer Arbeit) sind uns die Bedürfnisse unserer Zielgruppen bestens bekannt. So werden etwa regelmäßig „Checklisten zur Beurteilung medizinischer Publikationen“ gefordert, oder die Teilnehmer sprechen immer wieder bestimmte statistische Probleme an, die in Büchern nur schwer verständlich nachzulesen sind. Den Bedürfnissen nach einfachen Erklärungen, die entweder keine oder nur sehr geringe Vorkenntnisse erfordern, soll im vorliegenden Buch nachgegangen werden. Anhand von Beispielpublikationen, die vor allem aus der Medizin, den Sozialwissenschaften und der Psychologie stammen, werden in diesem Lehrbuch die erforderlichen Kenntnisse für die Bewertung von Studien aus statistischer und epidemiologischer Sicht vermittelt. Einschlägig vorgebildete und fachlich erfahrene Personen, die explizit nicht zu unserer Zielgruppe gehören, werden uns die Vereinfachungen und Auslassungen nachsehen – der Markt ist voll von Fachbüchern, die in die Tiefe gehen, allerdings um den Preis der leichten Verständlichkeit.

Unseren Seminarteilnehmern ebenso wie unseren Studierenden sei Dank für ihr Nachfragen ausgesprochen; denn gerade diese Fragen haben uns für das Thema sensibel gemacht und die Idee für dieses Einsteigerbuch entstehen lassen. Ein besonderer Dank geht an dieser Stelle wieder an Frau MMag. Dr. Sigrid Nindl von der Facultas Verlags- und Buchhandels AG, die uns auch schon bei unseren anderen Buchprojekten unterstützt hat.

Für die überaus genaue und unterstützende Durchsicht unserer Manuskripte danken wir Frau Mag. Verena Hauser.

Wien, im Juni 2013

Michael Benesch
Elisabeth Raab-Steiner

Inhaltsverzeichnis

1 Grundlagen statistischer Tests

Das erste Kapitel befasst sich im Wesentlichen mit dem Thema „Signifikanz“, im weiteren Sinn also mit dem p-Wert und allem, was sich um diesen dreht. Wenn eine Publikation betrachtet wird, steht sehr oft die Frage im Mittelpunkt, ob das Ergebnis signifikant ist oder nicht. Dabei ist der viel beachtete p-Wert nur einer von mehreren relevanten Faktoren, und die Kenntnis des p-Werts alleine reicht bei Weitem nicht aus, um die Bedeutung einer Studie abschätzen zu können. Deshalb ist es wichtig, einige statistische Prinzipien zu kennen, die mit dem „statistischen Test“ verbunden sind. Diesem Ziel dient das folgende Kapitel.

1.1 Stichprobe und Grundgesamtheit

Um welches Problem geht es in diesem Unterkapitel?

In Österreich leiden etwa 11 % der Erwachsenen zwischen 18 und 65 Jahren an Adipositas. Möchte man wissen, ob eine neue Therapie bei diesen rund 11 % wirksam ist, hat man folgendes Problem zu lösen: Man wird nur einen Teil dieser Patienten untersuchen können, sagen wir: $n = 300$ Personen („n“ steht für „number“ und bezeichnet die Stichprobengröße). Die gesamten 11 % der adipösen Patienten bilden die Grundgesamtheit oder Population (diese Population besteht also aus ein paar Hunderttausend Menschen) und die für die Untersuchung ausgewählten $n = 300$ Personen bilden die Stichprobe (das Sample). Das Problem dabei: Wie können wir etwas über die Population aussagen, wenn wir nur $n = 300$ Personen untersucht haben?

Wenn Sie dieses Unterkapitel gelesen haben, können Sie folgende Fragen beantworten:

Was ist der Unterschied zwischen Stichprobe (Sample) und Grundgesamtheit (Population)?
Warum ist es notwendig, Zufallsstichproben (engl.: random samples) zu ziehen?
Was kann passieren, wenn der Experimentator-Erwartungs-Effekt wirkt?
Welcher Unterschied besteht zwischen beschreibender (deskriptiver) und schließender (Inferenz-)Statistik?

Schlüsselbegriffe

Zufallsstichprobe, Population, Grundgesamtheit, Deskriptivstatistik, Inferenzstatistik

Stellen Sie sich bitte Folgendes vor: Ein Landwirt besitzt 100 Milchkühe. Da in der Gegend um seinen Hof eine Parasitose grassiert, möchte er wissen, wie viele seiner Tiere erkrankt sind. Der Serumtest ist sehr teuer, also kann er vom Tierarzt nur 30 Rinder testen lassen. In diesem Fall ist die Gesamtheit seiner Kühe die Population (N = 100), und wenn der Veterinär n = 30 Kühe ausgewählt hat, bilden diese die Stichprobe. (Ein „großes N“ bezeichnet meist die Population [Grundgesamtheit], ein „kleines n“ die Stichprobe.)

Die 30 Stichproben-Rinder müssen per Zufall ausgewählt werden, am besten mithilfe eines Zufallsgenerators. Denn wenn der Landwirt mit verbundenen Augen auf die Weide geht und so per Zufall 30 Stück herausgreift, könnte Folgendes passieren: Die kranken Tiere gruppieren sich, zum Beispiel weil die Parasitose sie träge macht, in einem Teil des Weidegrundes, sodass der Tierarzt vor allem die kranken Rinder testet. In diesem Fall wäre der Anteil kranker Tiere in der Stichprobe überhöht. Dieser Fehler (man spricht von einem Selektionsbias, von engl. bias: systematischer Fehler) kann ausgeschlossen werden, wenn jede Kuh eine Nummer erhält und per Zufallsgenerator gezogen wird. Ähnliches kann natürlich auch passieren, wenn im Rahmen einer medizinischen Studie die Probanden (allgemein: die Elemente) nicht zufällig, das heißt randomisiert (von engl. random: zufällig), ausgewählt werden.

> Bereits in den 1950er Jahren wurde im Rahmen der Salk-Polio-Studie das Konzept der Randomisierung erstmals in großem Stil in der medizinischen Forschung eingesetzt (Schumacher & Schulgen, 2002). Man wollte untersuchen, ob der von Jonas Salk entwickelte Impfstoff die Zahl der Polio-Neuerkrankungen reduzieren kann. Unter anderem wurde daran gedacht, Eltern die freiwillige Teilnahme ihrer Kinder anzubieten, um so die Inzidenz (Neuerkrankungsrate) in der Gruppe der Geimpften mit jener

der Nichtgeimpften zu vergleichen. Allerdings hätte es hier passieren können, dass die Zustimmung seitens der Eltern stark vom sozioökonomischen Status abhängt, der seinerseits vermutlich wiederum das Auftreten der Erkrankung beeinflussen könnte. Es wurde schließlich folgender Ausweg gewählt: Jene Kinder, die an der Studie teilnehmen durften, wurden randomisiert der Verum- und Placebogruppe zugeteilt (als Verum bezeichnet man das „wahre" Medikament im Gegensatz zum Placebo, das – abgesehen vom Placeboeffekt – wirkungslos ist). Auf diese Weise konnten derartige Effekte praktisch ausgeschlossen werden.

Der Tierarzt zieht also per Zufallsgenerator aus den 100 Rindern eine Stichprobe von 30 Tieren. Wie man sich leicht denken kann, gibt es sehr viele verschiedene Möglichkeiten, 30 aus 100 Tieren auszuwählen. In Abbildung 1.1 sind fünf mögliche Stichproben dargestellt.

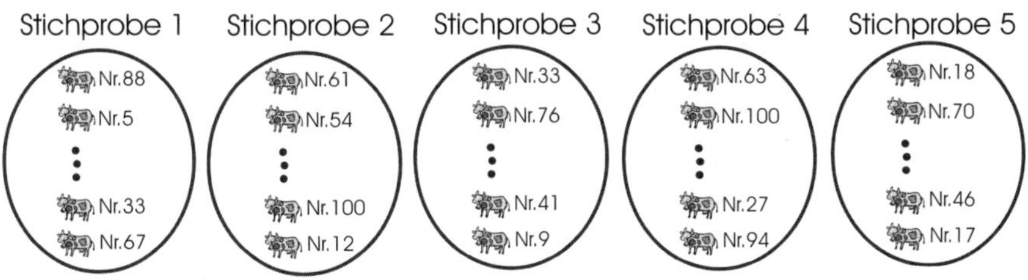

Abb. 1.1: Fünf mögliche Stichproben

Fünf verschiedene Stichproben werden sich in der Zusammensetzung der aufgenommenen Tiere unterscheiden (es sind ja Zufallsstichproben). Nun wird in jeder dieser fünf (hypothetischen) Stichproben der Anteil kranker Kühe ermittelt (siehe Tab. 1.1):

Tab. 1.1: Resultate aus fünf möglichen Stichproben

Stichprobe	Anteil kranker Kühe
1	9 %
2	9 %
3	12 %
4	8 %
5	10 %

Es ist anzunehmen, dass der Anteil kranker Rinder nicht in allen fünf Stichproben gleich sein wird – manchmal werden mehr, manchmal weniger kranke Tiere enthalten sein, da es sich ja um Zufallsziehungen handelt (die Elemente [= Rinder] wurden per Zufall ausgewählt). Man spricht von Stichprobenergebnissen, die je nach Stichprobe – aufgrund der Zufallsauswahl – zufällig schwanken. Diese Stichprobenergebnisse werden vermutlich vom Anteil kranker Rinder in der Population (N = 100) abweichen. Natürlich kann es sein, dass ein Stichprobenresultat dem Anteil kranker Tiere in der Population entspricht, aber da der Tierarzt nicht die gesamte Rinderpopulation untersucht hat, weiß er darüber nicht Bescheid.

In den meisten Fällen ist man nicht an Stichprobenergebnissen interessiert, sondern daran, wie es in der Population aussieht. Zum Beispiel: Wie hoch ist der durchschnittliche Blutdruck bei allen Personen, die an einer bestimmten Krankheit leiden? Da nicht alle Kranken untersucht werden können, wird also von der Stichprobe, und zwar von einer der vielen möglichen Stichproben, auf die Grundgesamtheit (Population) geschlossen. Dieses Schließen von der Stichprobe auf die Population ist stets mit Unsicherheiten behaftet, da man die Population i. d. R. ja nicht kennt. Bei Wahlprognosen äußert sich dies darin, dass ein Schwankungsbereich angegeben wird.

Unterschied Inferenzstatistik – Deskriptivstatistik

Wollten wir einfach eine Stichprobe beschreiben und nichts über die Population wissen, bräuchten wir die Wahrscheinlichkeiten nicht zu bemühen. Wenn wir nur die Stichprobe von n = 15 Rindern beschreiben möchten, indem wir fragen: „Wie hoch ist der Anteil kranker Rinder in dieser Stichprobe?“, dann ermitteln wir diesen Anteil und belassen es dabei. (Man spricht von Deskriptivstatistik, von lat. describere: beschreiben.) Möchten wir allerdings aufgrund dieser Stichprobe auf den Anteil kranker Rinder in der Population schließen, dann geht dies nur noch mit mehr oder minder unsicheren Wahrscheinlichkeitsaussagen. (Man spricht von Inferenzstatistik, von lat. infero: folgern, schließen.) Also: Das Schließen von der Stichprobe auf die Population wird damit erkauft, dass die Aussagen unsicher sind, sie können nur mit einer gewissen Wahrscheinlichkeit getroffen werden. Der p-Wert liefert uns Informationen darüber, wie wahrscheinlich ein bestimmtes Stichprobenresultat unter bestimmten Vorannahmen ist (dazu später mehr).

Die Deskriptivstatistik beschreibt eine Stichprobe, die Inferenzstatistik trifft Aussagen über die Population basierend auf der Stichprobe. Inferenzstatistische Aussagen sind mehr oder minder unsicher und können nur mit einer bestimmten Wahrscheinlichkeit getroffen werden, da von einer der vielen möglichen Stichproben auf die i. d. R. unbekannte Grundgesamtheit geschlossen wird.

Aus einer Studie

In dieser Studie wurde untersucht, ob Maßnahmen zur Hygieneschulung in bestimmten ländlichen Gebieten Zimbabwes wirken. In sogenannten Community Health Clubs vermitteln Trainer (Environmental Health Technicians: EHTs) hygienerelevante Aspekte an die Bevölkerung. Aus insgesamt 297 Clubs in den Provinzen Tsholotsho und Makoni wurden 25 ausgewählt.

"A systematic sample of 25 clubs was taken from the NGO's register of Health Clubs in each district to include clubs from each ward ... The sample of clubs in each district was chosen to include at least one club from each ward, and so prevent bias arising from different EHTs' methods."

Waterkeyn, J. & Cairncross, S. (2005). Creating demand for sanitation and hygiene through Community Health Clubs: A cost-effective intervention in two districts in Zimbabwe. Social Science & Medicine, 61, 1958–1970.

Die in die Studie eingeschlossenen 25 Clubs stellten somit die Stichprobe (Sample) aus der Population von 297 Clubs dar. Um mögliche Verzerrungen zu vermeiden, die aus unterschiedlichen Arbeitsweisen der Environmental Health Technicians (EHTs) resultieren könnten, wurde darauf geachtet, zumindest einen Club jedes Clubleiters mit einzubeziehen. Das optimale Vorgehen wäre natürlich, alle 297 Clubs der beiden Provinzen zu untersuchen. Aus organisatorischen und Kostengründen ist ein derartiges optimales Vorgehen allerdings meist nicht möglich, weshalb Stichproben gezogen werden. Aus diesen und weiteren – etwa ethischen – Überlegungen werden beispielsweise bei Medikamentenstudien auch nicht alle Patienten (diese bilden die Population) in eine Studie aufgenommen, sondern nur Stichproben.

Kehren wir nun wieder zu unserem Landwirt zurück und erweitern das Beispiel. Nehmen wir an, er zieht nicht nur fünf, sondern 15 Stichproben. Vermutlich werden sich alle diese 15 Stichproben in ihrer Zusammensetzung unterscheiden, also Kombinationen großteils unterschiedlicher Individuen enthalten. Deshalb wird, wie wir das ja schon kennen, der Anteil kranker Rinder in diesen Stichproben unterschiedlich sein.

Nun ein kleines Gedankenexperiment. Nehmen wir an, wir kennen den „wahren" Anteil kranker Rinder in der Population, und dieser beträgt 12 %. Wenn wir also 15 Stichproben mit jeweils n = 15 Tieren ziehen und in jeder dieser 15 Stichproben den Anteil kranker Rinder vom Tierarzt bestimmen lassen, könnten die in Tabelle 1.2 ausgewiesenen Werte resultieren (dieses Beispiel fassen Sie bitte als rein hypothetisch auf, es ist wirklich nur ein Gedankenexperiment, denn niemand würde 15 verschiedene Stichproben ziehen und die Prozentwerte dieser vielen Einzelstichproben dann in eine Liste schreiben ...):

Tab. 1.2: Ergebnisse aus 15 Stichproben

Stichprobe	Anteil	Stichprobe	Anteil
1	11 %	9	12 %
2	14 %	10	11 %
3	12 %	11	13 %
4	13 %	12	15 %
5	17 %	13	9 %
6	14 %	14	12 %
7	9 %	15	12 %
8	13 %		

Diese 15 ermittelten Stichprobenwerte können auch in einem Balkendiagramm dargestellt werden (siehe Abb. 1.2).

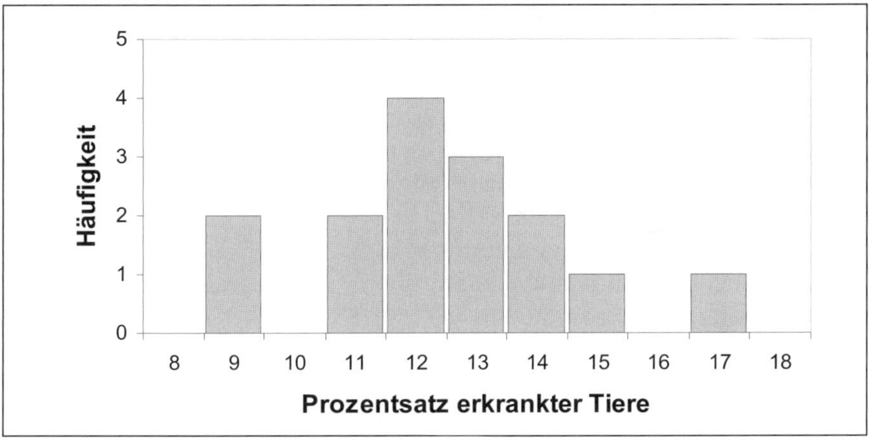

Abb. 1.2: Darstellung der Stichprobenwerte in einem Balkendiagramm

Ein Stichprobenwert von 9 % erkrankter Tiere kommt in zwei Stichproben vor, einer von 10 % in keiner der 15 Stichproben, ein Stichprobenwert von 11 % kranker Rinder kommt in zwei Stichproben vor usw. Wir sehen, dass jene Stichprobenwerte, die näher am „wahren" Wert von 12 % liegen, häufiger auftreten als extreme Stichprobenwerte. Mit anderen Worten: Es ist wahrscheinlicher, in den Stichproben Werte zu erhalten, die nahe am wahren Wert liegen, als solche, die stark davon abweichen. Es ist allerdings von Bedeutung, wie diese Stichproben gezogen werden. Jedes Element aus der Population muss eine bestimmte, berechenbare Chance haben, in die Stichprobe aufgenommen zu werden – es muss sich um eine Zufallsstichprobe handeln („random sample", von engl. random: zufällig). Was genau bedeutet das?

Zufallsstichproben

Um die Notwendigkeit der Zufallsstichprobe näher zu beleuchten, wollen wir wieder unseren Tierarzt bemühen. Was kann passieren, wenn bestimmte Kühe mit höherer Wahrscheinlichkeit gezogen werden als andere? Wir haben ja angenommen (und nehmen es weiter an), der „wahre" Anteil kranker Tiere in der Population von N = 100 Rindern betrage 12 %. Aus irgendeinem Grund halten sich die kranken Kühe bevorzugt in zwei Ecken der Weide auf (links oben und rechts unten – vielleicht tut ihnen die Luft dort besser). In Abbildung 1.3 sind die kranken Tiere schwarz markiert.

Wenn der Landwirt die Weide von der linken oberen Ecke her betritt, erwischt er, da er nicht nach Zufall vorgeht, zu viele kranke Rinder. Der Anteil beträgt dann zum Beispiel 35 %. Betritt er die Weide von rechts oben, erwischt er fast nur gesunde Tiere – der Anteil an kranken Tieren beträgt in diesem Fall zum Beispiel nur 2 %. Nähert er sich den Rindern von rechts unten, kommen wieder fast nur kranke Tiere in die Stichprobe – der Anteil beträgt nun zum Beispiel 42 %. In allen drei Fällen wird aufgrund der Stichprobe falsch auf den wahren Populationsanteil geschlossen, da es sich nicht um Zufallsziehungen handelt. Korrektes Vorgehen würde bedeuten, jeder Kuh die gleiche Chance zu geben, in die Stichprobe zu gelangen. Dies geschieht, indem per Zufall ausgewählt wird. Dazu existieren Randomisierungslisten und Computerprogramme, welche die Zuordnung automatisiert festlegen.

Abb. 1.3: Kranke und gesunde Kühe

In der Praxis der medizinischen Forschung mit Probanden ist es sehr schwierig, zu „wirklichen" Zufallsstichproben zu gelangen. Ähnlich wie bei der bäuerlichen Weideproblematik haben bestimmte Patientengruppen oftmals eine wesentlich höhere Chance als andere, in eine Studie aufgenommen zu werden. Leider lesen wir in Publikationen eher selten etwas über dieses Problem. Eine Abschätzung darüber liefern oft die sogenannten Ein- und Ausschlusskriterien: Sind diese besonders streng, so kann angenommen werden, dass der „typische" Studienpatient ein anderer ist als der „typische" Patient, wie er in den Arztpraxen zu finden ist.

Aus einer Studie

Es wurden Personen, die zwischen 1920 und 1930 in Hertfordshire, UK, geboren wurden, anhand eines Registers ausfindig gemacht und gebeten, einen Intelligenztest (den Test AH4) durchzuführen. Da ab dem Jahr 1911 bei jedem Neugeborenen erfasst wurde, ob es Flaschennahrung erhielt oder über die Mutterbrust ernährt

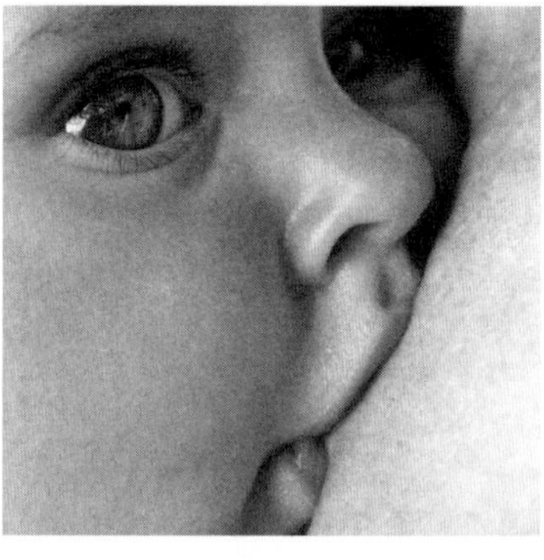

wurde (oder beides), war es möglich, einen Zusammenhang zwischen der Ernährungsweise und dem Intelligenzquotienten bei diesen nun erwachsenen Personen zu untersuchen. In die Studie aufgenommen wurden allerdings nur jene Personen, die immer noch in Hertfordshire lebten.

"Our results are based on 994 participants who took the AH4 test ... These participants are unrepresentative of all people born in Hertfordshire because they have continued to live in the county in which they were born. However, all our comparisons have been made within the study sample."

Gale, C. R. & Martyn, C. N. (1996). Breastfeeding, dummy use, and adult intelligence. The Lancet, 347, 1072–1075.

In der Studie erfasst wurden also nur jene Bewohner von Hertfordshire, die immer noch dort lebten, weshalb sie nicht repräsentativ für die Population aller Bewohner von Hertfordshire waren. Ein möglicher Schluss von den Ergebnissen der Stichprobe (n = 994) auf die Gesamtpopulation (= alle Einwohner von Hertfordshire oder gar alle Briten) wäre deshalb problematisch. Es könnte sein, dass sich jene, die ihren Wohnort verlegten, systematisch von den Personen der Stichprobe unterscheiden. Denkbar wäre beispielsweise, dass Personen mit höherer Ausbildung eher weggezogen sind als jene mit schlechterer Ausbildung. Da höhere Ausbildung mit höheren Werten aus Intelligenztests zusammenhängt, könnte es hier einen Bias (d. h. einen systematischen Fehler) geben, der die Studienresultate beeinflusst. Deshalb kann in diesem Fall von der Stichprobe nicht auf die Population geschlossen werden, sondern nur auf die Population „Einwohner von Hertfordshire, die ihren Wohnort nie verlegt hatten bzw. wieder zurückgekehrt sind".

Zufallsstichproben (random samples) sind dadurch gekennzeichnet, dass man für jede Person vor der Durchführung der Auswahl die Wahrscheinlichkeit berechnen kann, mit der sie Teil der Stichprobe wird. Außerdem darf keine Teilgruppe der Population systematisch ausgeschlossen werden.

In den 1930er Jahren wurden in den USA vor wichtigen Wahlen sogenannte „pre-election surveys" durchgeführt, zumeist von Zeitungen. Man ging davon aus, dass mit steigender Anzahl der Befragten auch die Vorhersagegenauigkeit

Abb. 1.4: George Gallup

steige. Berühmt geworden ist in diesem Zusammenhang das „Literary Digest Desaster“. Die Wochenzeitschrift Literary Digest versandte im Vorfeld zur Präsidentenwahl im Jahr 1936 Millionen von Pseudostimmzetteln und sagte den Sieg des Präsidentschaftskandidaten Alfred Landon voraus, basierend auf über zwei Millionen Antworten. Allerdings waren die Pseudostimmzettel nur an Telefonbesitzer geschickt worden – und diese unterschieden sich in den 1930er Jahren mit Sicherheit systematisch von den Nichttelefonbesitzern. Es kann also davon ausgegangen werden, dass daraus ein relevanter Bias resultierte. Tatsächlich gewann Franklin D. Roosevelt, was von der Gallup-Organisation korrekt vorausgesagt wurde, basierend auf der Befragung von nur rund 1.500 Personen, die allerdings durch entsprechende Auswahl in wesentlichen Faktoren repräsentativ waren. Im Allgemeinen ist die Repräsentativität einer Stichprobe relevanter als ihre Größe.

Noch ein paar Sätze zum Begriff „Population“. Es muss stets definiert werden, was die Population ist. Populationen können beispielsweise sein:

- alle Patienten mit Diabetes mellitus oder
- alle weiblichen Patienten mit Diabetes mellitus oder
- alle weiblichen Patienten mit Diabetes mellitus im Alter zwischen 35 und 80 Jahren,
- die Patienten eines bestimmten Schwerpunktspitales,
- alle in Nordrhein-Westfalen gehaltenen Trakehner.

Wird aus einer so definierten Population eine Stichprobe entnommen, sind Verallgemeinerungen über die Stichprobe hinaus – inferenzstatistische Schlüsse also – im Prinzip nur für diese Population gültig. Oft sind jedoch nicht alle relevanten Faktoren, welche die erhobenen Merkmale beeinflussen könnten, überprüfbar, um eine Verallgemeinerung zu rechtfertigen. Beim Literary Digest Desaster sind die Probleme offensichtlich: Eine Verallgemeinerung über die Telefonbesitzer hinaus war nicht zulässig.

1.2 Signifikanz (p-Wert)

Um welches Problem geht es in diesem Unterkapitel?

Im Rahmen einer wissenschaftlichen Studie können in der Regel nicht alle Patienten untersucht werden. Das führt zu dem Problem, dass von einer Auswahl (Stichprobe) auf die Grundgesamtheit (Population) geschlossen werden muss. Wie aber ist es möglich, von einigen wenigen etwas über alle auszusagen? Derartige Aussagen sind grundsätzlich mit gewissen Unsicherheiten behaftet. Wenn eine Therapie bei den Patienten der Stichprobe wirkt, ist sie dann auch bei allen Patienten wirksam? Und wenn ja, wie können wir das wissen, wenn wir gar nicht alle untersucht haben? Der p-Wert (von lat. probabilitas: Wahrscheinlichkeit) liefert Informationen über die Wahrscheinlichkeit, mit der man sich irrt, wenn man annimmt, ein in der Stichprobe gefundener Unterschied sei auch in der Population vorhanden.

Wenn Sie dieses Unterkapitel gelesen haben, können Sie folgende Fragen beantworten:

Wie können Aussagen über die Population ausgehend von einer Stichprobe getroffen werden?
Was ist der p-Wert und in welchem Zusammenhang steht er mit statistischen Hypothesen?
Welche Fehlentscheidungen sind beim Schließen von der Stichprobe auf die Population möglich?
Warum ist es problematisch, im Rahmen einer Studie sehr viele statistische Tests zu rechnen?
Was sind ein- und zweiseitige Hypothesen und worin liegen mögliche Gefahren, wenn man eine zweiseitige Hypothese im Nachhinein zu einer einseitigen umformuliert?

Schlüsselbegriffe

Signifikanz, Signifikanzniveau, wissenschaftliche Hypothesen, Alltagshypothesen

Das Schließen von einer Stichprobe auf die Grundgesamtheit

Frau Alma Tiener züchtet seit dreißig Jahren Dalmatiner. Durch sorgfältige Auswahl ist es ihr gelungen, einen neuen Typus zu erschaffen: schwarze Dal-

matiner mit weißen Punkten (die sogenannten „Höllendalmatiner"). Im Laufe der Zeit stellt sich jedoch heraus, dass es bei den Höllendalmatinern öfter zu Taubheit kommt als bei den herkömmlichen, schwarzgepunkteten Dalmatinern. (Taubheit ist allgemein ein Problem bei Tieren dieser Hunderasse.) Deshalb entschließt sich Frau Tiener, bei den folgenden Würfen die Sache genauer zu untersuchen. Sie besitzt jeweils fünf Zuchthündinnen und ermittelt bei jedem Wurf den Anteil der tauben Hunde. Bei den herkömmlichen Dalmatinern waren unter den insgesamt 30 Welpen 4 auffällige (4 von 30, das sind 13,3 %), bei den Höllendalmatinern fand sie 6 auffällige Welpen unter 26 (6 von 26, das sind 23,1 %). Frau Tiener verallgemeinert deshalb auf alle künftigen Würfe und sagt: „Meiner Erfahrung nach ist der Anteil tauber Hunde unter den Höllendalmatinern signifikant höher als unter den herkömmlichen Dalmatinern."

Die Bedeutung des Wortes „signifikant"

Wir wollen nun erkunden, was es mit dem Wort „signifikant" auf sich hat. Ist es gerechtfertigt, dass Frau Tiener von einem signifikanten Ergebnis spricht, weil in der einen Gruppe 13,3 % und in der anderen 23,1 % der Tiere auffällig sind und sie es deshalb als erwiesen erachtet, dass dieser Unterschied auch in der Population vorhanden sei? „Signifikant" bedeutet so viel wie „überzufällig", das heißt, ein in der Stichprobe gefundener Unterschied wird nicht mehr auf bloßen Zufall zurückgeführt, sondern es ist davon auszugehen, dass der gefundene Unterschied auch „in Wirklichkeit", also in der Population, besteht.

Führen wir das Gedankenexperiment weiter und nehmen an, dass es schon sehr viele Züchter von Höllendalmatinern gibt. Von allen registrierten Dalmatinern und Höllendalmatinern werden je 30 Hunde entnommen, sodass wir nun zwei Stichproben mit jeweils 30 Tieren haben (siehe Abbildung 1.5).

Wir wissen bereits, dass es sehr viele Möglichkeiten gibt, solche Stichproben zu entnehmen. Das Ziel ist, aufgrund der beiden konkreten Stichproben etwas über die Populationen (das sind die Populationen der normalen und der Höllendalmatiner) auszusagen. Und wir haben auch schon festgestellt, dass die Anteile auffälliger Hunde in Stichproben aus ein und derselben Population eben je nach Stichprobe selbst variieren werden, je nachdem, welche Individuen „zufällig" in die Stichprobe kommen.

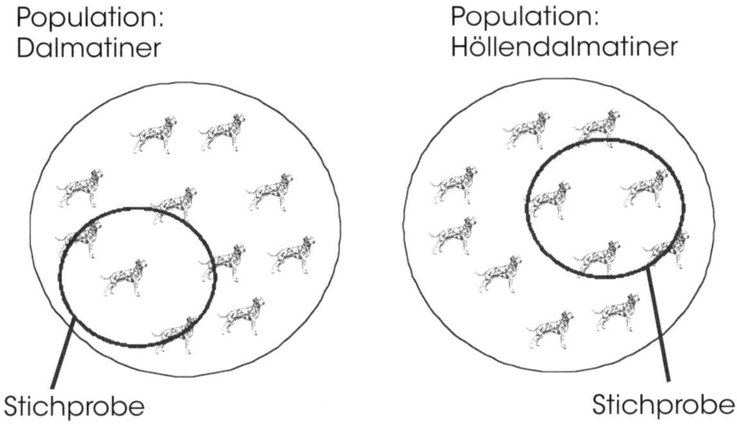

Abb. 1.5: Stichproben der Dalmatiner und Höllendalmatiner

Für das Verständnis des p-Wertes sind nun folgende zwei Gedankengänge bedeutsam:

Gedankengang 1: Selbst wenn es „in Wirklichkeit“, also in den beiden Populationen der normalen und der Höllendalmatiner, keinen Unterschied in der Häufigkeit tauber Hunde gibt, wird deren Anteil in den beiden Stichproben ziemlich sicher unterschiedlich sein!

Die Gretchenfrage lautet daher: Ist der unterschiedliche Anteil nur zufällig – zufällig bedingt durch die Zufälligkeit, mit der die jeweils 30 Hunde ausgewählt wurden – oder ist dieser zu erwartende Unterschied dadurch zustande gekommen, dass es in der Population der Höllendalmatiner tatsächlich mehr taube Tiere gibt?

Gedankengang 2: Wir haben bereits festgestellt, dass Aussagen über die Population aufgrund von Stichproben stets mit Unsicherheit behaftet sind, wir können nichts mit absoluter Sicherheit sagen. Sicherheit wäre nur dann gegeben, wenn wir die gesamte Population untersuchen würden.

Das bedeutet leider: Selbst wenn wir ein signifikantes Ergebnis erhalten – das heißt, selbst wenn wir aufgrund entsprechender Stichprobendaten schlussfolgern, dass es in der Population der Höllendalmatiner mehr taube Tiere als in der Population der normalen Dalmatiner gibt –, könnte es sein, dass wir uns irren. Mit anderen Worten: Es könnte sein, dass sich die beiden

Populationen trotz der Signifikanz, die sich aus den Stichproben ergibt, nicht unterscheiden. Aber, und das ist das Gute: So ein Irrtum wäre ziemlich unwahrscheinlich.

Und jetzt zum p-Wert: Wenn der p-Wert (zur Erinnerung: p steht für probabilitas: Wahrscheinlichkeit) eine bestimmte Höhe nicht übersteigt (zumeist: kleiner oder gleich 0,05 [= 5 %] ist), dürfen wir schlussfolgern, dass es in der Population der Höllendalmatiner wirklich mehr taube Tiere gibt. Natürlich könnte diese Schlussfolgerung falsch sein, aber es ist sehr unwahrscheinlich, dass sie falsch ist.

Wie groß darf der p-Wert sein, damit das Ergebnis signifikant ist? Diese Frage kann nicht einheitlich beantwortet werden, etabliert haben sich die Grenzen 5 %, 1 % und 0,1 % (bzw., was äquivalent ist: $p \leq 0{,}05$, $p \leq 0{,}01$ und $p \leq 0{,}001$). Das heißt: Wenn der p-Wert höchstens 0,05 bzw. 0,01 oder 0,001 beträgt, dann haben wir ein signifikantes Ergebnis auf dem 5 %-, dem 1 %- bzw. dem 0,1 %-Niveau. Die Signifikanzniveaus sind übrigens völlig willkürlich gewählt, was berechtigterweise oft kritisiert wird. Es kann durchaus sein, dass in einer Studie ein einziger Patient den Ausschlag gibt zwischen nicht signifikant und signifikant (neben weiteren möglichen Einflüssen, die das Zünglein an der Waage spielen können).

Der p-Wert selbst ist übrigens stets das Resultat eines statistischen Tests (wie beispielsweise des t-Tests, einer Korrelationsrechnung oder einer Varianzanalyse), also eines Rechenvorganges, der nach bestimmten Regeln abläuft.

Doch sehen wir uns an, wie solch ein p-Wert in Publikationen üblicherweise präsentiert wird.

Aus einer Studie

"For all statistical tests a 5 % significance level was considered acceptable and used throughout the analysis ... Scores for these primary efficacy variables decreased significantly ($p = 0.000$ ...) for both groups by the end of the treatment."

Agublia, E., Cacacchia, M., Cassano, G. B., Faravelli, C., Ferrari, G., Giordano, P., Pancheri, P., Ravizza, L., Trabucchi, M., Bolino, F., Scarpato, A., Berardi, D., Provenzano, G., Brugnoll, R. & Rozzini, R. (1993). Double-blind study of the efficacy and safety of sertraline versus fluoxetine in major depression. International Clinical Psychopharmacology, 8, 197–202.

In dieser Studie wurden Sertraline und Fluoxetine hinsichtlich ihrer Wirksamkeit zur Behandlung von Depression verglichen. Als Grenze, bis zu der ein Ergebnis als signifikant akzeptiert wurde, sind 5 % angegeben. Als „primary efficacy variables" wurden die Testwerte von zwei psychologischen Tests zur Diagnostik von Depression verwendet (es handelte sich um die Tests HAMD und CGI). Berechnet wurde u. a., ob sich die Testwerte von HAMD und CGI über die Behandlungsdauer veränderten. (Dazu mussten die Patienten der beiden Gruppen „Sertraline" und „Fluoxetine" diese Tests mehrmals bearbeiten.) Die Autoren hatten somit für alle Patienten dieser Gruppen einen Anfangs- und einen Endwert, wodurch die Differenz zwischen diesen beiden Zeitpunkten berechnet werden konnte. Aufgrund des angeführten p-Wertes von $p = 0{,}000$ war der in den Stichproben (Stichprobe 1: Patienten, die Sertraline bekamen; Stichprobe 2: Patienten, die Fluoxetine bekamen) gefundene Unterschied in der Veränderung der Testwerte von HAMD und CGI zwischen diesen beiden Gruppen signifikant, das heißt: Die Patienten der Sertraline- und Fluoxetine-Gruppen wiesen eine signifikant unterschiedliche Veränderung der HAMD- und CGI-Werte zwischen den beiden Messzeitpunkten auf. Dies bedeutet: Die ermittelten Stichprobenunterschiede bestehen mit hoher Wahrscheinlichkeit auch in der Population! Wäre der p-Wert größer als 5 % (bzw. 0,05), zum Beispiel $p = 0{,}12$ (bzw. 12 %), wäre das Ergebnis nicht signifikant und die Schlussfolgerung würde lauten: Der gefundene Unterschied in der Veränderung der HAMD- und CGI-Werte zwischen den Gruppen „Sertraline" und „Fluoxetine" müsste auf den Zufall zurückgeführt werden, wäre also durch zufällige Stichprobenschwankungen zu erklären.

Wir haben bisher festgestellt:

- Der p-Wert gibt Auskunft darüber, ob ein Resultat signifikant ist oder nicht.
- Damit wir ein Ergebnis als signifikant bezeichnen, darf der p-Wert eine bestimmte Höhe nicht überschreiten, wobei es unterschiedliche Grenzen gibt: nicht höher als 5 % oder 1 % oder 0,1 %. (Diese Grenzen heißen Signifikanzniveau und es wird aufgrund inhaltlicher Überlegungen vor jeder statistischen Auswertung festgelegt, welche dieser drei Grenzen gelten soll.)
- Der p-Wert informiert uns über die Wahrscheinlichkeit, dass wir uns irren, wenn wir eine bestimmte Schlussfolgerung über die Population treffen.

Wenn wir die letzte Feststellung mit anderen Worten ausdrücken und sagen, dass wir eine richtige Schlussfolgerung über die Population treffen, so müssen wir uns noch Gedanken darüber machen, was mit „richtiger Schlussfolgerung“ gemeint ist.

Das wissenschaftliche Vorgehen zeichnet sich u. a. dadurch aus, dass sehr genaue Hypothesen darüber aufgestellt werden, was man erwartet oder nicht erwartet. Im Alltag verwenden wir ebenfalls Hypothesen, die uns aber sehr oft gar nicht bewusst sind. Wenn wir etwa eine Person aufgrund der Art, wie sie sich kleidet, in eine „Schublade“ stecken, so denken wir meistens nicht explizit darüber nach. Es geschieht einfach. Unsere impliziten Hypothesen könnten lauten:

- Wer Markenkleidung trägt, ist eitel.
- Wer Markenkleidung trägt, hat viel Geld.
- Wer sich schlampig kleidet, dem ist nicht zu trauen.

Wissenschaftliche Hypothesen müssen im Gegensatz zu unseren Alltagshypothesen gewissen Ansprüchen genügen, und sie müssen empirisch überprüfbar sein. Ein statistischer Test hat die Aufgabe, auf der Basis von Datenmaterial diese Hypothesen zu bestätigen oder zu verwerfen. Im eben genannten Alltagsbeispiel ist die Kleidung sozusagen das Datenmaterial, von dem wir ausgehen, und wir benutzen implizit unsere Werte, Einstellungen, Erfahrungen etc., um unsere Alltagshypothesen zu überprüfen. Und meistens neigen wir dazu, das, was wir glauben, zu bestätigen. Das hat viel mit Vorurteilen, mit vorgefassten Meinungen zu tun.

Im Idealfall geht der empirisch arbeitende Wissenschaftler ohne Vorurteile und feste Erwartungen an seine Studie, obwohl er natürlich auch Annahmen trifft, die er zu bestätigen sucht. Die Logik des statistischen Tests beinhaltet allerdings eine Art Pessimismus. Was heißt das? Um dies zu verstehen, müssen wir unseren Blick auf zwei wichtige Begriffe richten: die Nullhypothese und die Alternativhypothese.

1.3 Die Nullhypothese und die Alternativhypothese

Um welches Problem geht es in diesem Unterkapitel?

Ein statistischer Test, der schließlich in einem p-Wert mündet, verlangt nach der Formulierung statistischer Hypothesen, die sich von sogenannten Alltagshypothesen unterscheiden. Diese Hypothesen werden als Hypothesenpaar – als Nullhypothese und Alternativ- oder Forschungshypothese – formuliert. Der p-Wert liefert nicht die Wahrscheinlichkeit für ein „richtiges Resultat" einer Studie, sondern ist eine Fehlerwahrscheinlichkeit, die sich auf die Forschungshypothese bezieht.

Wenn Sie dieses Unterkapitel gelesen haben, können Sie folgende Fragen beantworten:

Was unterscheidet die Alternativ- von der Forschungshypothese?
Was ist das Signifikanzniveau?

Schlüsselbegriffe

Nullhypothese, Forschungshypothese, Alternativhypothese, falsch positives Ergebnis, Inferenzstatistik, Signifikanzniveau

Ein Arzt hat aus seiner klinischen Praxis heraus die Erfahrung, dass Neugeborene von bestimmten Risikopatienten sehr oft ein geringeres und nur manchmal ein höheres Geburtsgewicht aufweisen als die Neugeborenen von Nichtrisikopatienten. Nun möchte er seine Beobachtungen mittels der Statistik untermauern. Deshalb sammelt er sukzessive die Geburtsgewichte von 35 Neugeborenen, rechnet den Mittelwert aus und vergleicht diesen mit dem bekannten Durchschnittsgewicht der Babys von Nichtrisikopatienten. Da er wissenschaftlich vorgeht, formuliert er ein Hypothesenpaar: die Null- und die Alternativhypothese.

Diese zwei Hypothesen gehören immer zusammen und ergänzen einander. In der Alternativhypothese steckt für gewöhnlich das, was man belegen möchte. In diesem Fall: dass die Neugeborenen von Risikopatienten weniger wiegen. Die Nullhypothese behauptet das Gegenteil, also: dass die Neugeborenen von Risikopatienten zumindest gleich viel wiegen wie die Neugeborenen von Normalpatienten.

Nullhypothese: Die Neugeborenen von Risikopatienten wiegen zumindest gleich viel wie die Neugeborenen von Nichtrisikopatienten.

Alternativhypothese (oder **Forschungshypothese**): Die Neugeborenen von Risikopatienten wiegen weniger als die Neugeborenen von Nichtrisikopatienten.

Worin liegt nun der am Ende des letzten Kapitels angesprochene Pessimismus? Obwohl der Arzt davon überzeugt ist, dass der Nachwuchs von Risikopatienten bei der Geburt im Mittel weniger wiegt, geht er grundsätzlich davon aus, dass die Nullhypothese stimmt. Er ist nur dann bereit, die Nullhypothese zu verwerfen und die Alternativhypothese (von deren Richtigkeit er eigentlich überzeugt ist) anzunehmen, wenn die Wahrscheinlichkeit dafür, dabei einen Fehler zu machen, gering ist. Gering heißt: höchstens 5 % oder 1 % oder 0,1 %, je nach gewähltem Signifikanzniveau.

Da dieser Gedankengang so wichtig ist, sei er noch einmal mit anderen Worten geschildert. Der Arzt möchte – ausgehend von seiner Stichprobe von 35 „Risikoneugeborenen" – belegen, dass in der Population aller Neugeborenen von Risikopatienten das Geburtsgewicht geringer ist als beim Nachwuchs von Nichtrisikopatienten. Auch wenn in seiner Stichprobe von „Risikoneugeborenen" das mittlere Geburtsgewicht geringer ist, könnte es sein, dass diese Abweichung vom mittleren Geburtsgewicht der „normalen" Neugeborenen zufällig zustande gekommen ist. (Zufällig aufgrund der Zufälligkeit der Stichprobenziehung – er hat ja nur eine der vielen möglichen Stichproben genommen. In einer anderen Stichprobe wären andere Neugeborene enthalten, die auch ein anderes mittleres Geburtsgewicht erzeugt hätten. Etwas genauer betrachtet, wären die Resultate aus dieser Studie nicht besonders valide (gültig), da alle Neugeborenen in nur einer Ordination rekrutiert wurden. Es könnte beispielsweise sein, dass aus irgendwelchen Gründen überproportional viele Mütter, die sich systematisch von der „Durchschnittsmutter" unterscheiden, diesen Arzt aufsuchen, weshalb die Ergebnisse „gebiased" sein könnten.)

Doch zurück zu den Hypothesen: Aufgrund der „pessimistischen" Haltung geht der Arzt davon aus, dass „in Wirklichkeit" – in der Population – die Nullhypothese stimmt, dass also das geringere Geburtsgewicht in seiner Stichprobe von $n = 35$ Neugeborenen nur aufgrund des Zufalls geringer ist als das mittlere Geburtsgewicht der „normalen" Neugeborenen (obwohl er davon überzeugt ist, dass es sich nicht um bloßen Zufall handelt!).

Nun rechnet er einen bestimmten statistischen Test, der einen p-Wert auswirft. Wenn dieser p-Wert eine bestimmte Grenze nicht übersteigt (5 % oder

1 % oder 0,1 %), dann und nur dann entscheidet er sich für die Alternativhypothese, von deren Richtigkeit er ja eigentlich überzeugt ist, weil er weiß: Die Wahrscheinlichkeit, sich zu irren, wenn er die Alternativhypothese annimmt, beträgt dann höchstens 5 % oder 1 % oder 0,1 %. Mit anderen Worten: Die Wahrscheinlichkeit für ein FALSCH POSITIVES Ergebnis beträgt dann, je nach Signifikanzniveau, höchstens 5 % oder 1 % oder 0,1 %.

Wir nehmen einmal an, der errechnete p-Wert beträgt $p = 0{,}03$ bei einem Signifikanzniveau von 5 %. Da $p = 0{,}03$ (oder gleichwertig: 3 %, denn: $0{,}03 \cdot 100\,\% = 3\,\%$) kleiner ist als 5 % (in Publikationen lesen wir oft: $p < 0{,}05$), entscheidet er sich für die Alternativhypothese. Das heißt: Er begeht mit einer Wahrscheinlichkeit von nur 3 % einen Fehler, wenn er sich für die Alternativhypothese entscheidet. Worin bestünde nun dieser mögliche Fehler? Er bestünde darin, dass sein Stichprobenergebnis doch nur durch Zufall zustande gekommen ist. Da er aber nicht die gesamte Population untersuchen kann, wird er nie wissen, ob er diesen Fehler begangen hat oder nicht. Er begnügt sich damit, dass die Wahrscheinlichkeit für diesen Fehler gering ist (genau: 3 % beträgt), und deshalb akzeptiert er diese Fehlermöglichkeit. Wir haben ja schon festgestellt: Aussagen über eine Population aufgrund einer Stichprobe sind immer mit Unsicherheit behaftet. Diese Unsicherheit kommt im p-Wert zum Tragen.

In der Inferenzstatistik (wenn wir von Stichproben auf die Grundgesamtheit schließen) wird also immer ein Hypothesenpaar überprüft: die Null- versus die Alternativhypothese. Dabei geht man davon aus, dass die Nullhypothese in der Population richtig ist, obwohl man zumeist an die Richtigkeit der Alternativhypothese glaubt. Diese Alternativhypothese akzeptiert man allerdings dann und nur dann, wenn die Wahrscheinlichkeit dafür, dass man sich bei ihrer Annahme irrt, gering ist. Gering heißt: je nach Signifikanzniveau 5 % oder 1 % oder 0,1 %.

> Wenn Stichprobenergebnisse verwendet werden, um Aussagen über die dahinterstehenden Populationen zu treffen, muss ein Hypothesenpaar formuliert werden: Die Nullhypothese und die Alternativhypothese. Die Alternativhypothese behauptet zumeist einen Effekt in der Population („das neue Medikament wirkt"). Die Nullhypothese behauptet das Gegenteil davon („das neue Medikament wirkt nicht"). In der Nullhypothese steckt also KEIN EFFEKT → NULL Effekt (es ist ja die NULL-Hypothese). Ist das Ergebnis signifikant („kleiner p-Wert"), entscheidet man sich für die Alter-

nativhypothese. Ist das Ergebnis nicht signifikant („großer p-Wert"), behält man die Nullhypothese bei. Der p-Wert ist das Resultat eines Rechenvorganges und wird anhand der Stichprobendaten ermittelt. Wie klein der p-Wert sein muss, damit man sich für die Alternativhypothese entscheidet, hängt vom Signifikanzniveau ab. Bei einem Signifikanzniveau von 5 % darf der p-Wert höchstens p = 0,05 betragen, bei einem Signifikanzniveau von 1 % höchstens p = 0,01.

Aus einer Studie

In der Studie wurden zwei Präparate (ein neues und ein bekanntes) miteinander verglichen. Ein Teil der Patienten wurde randomisiert der Gruppe mit dem bekannten (= Kontrollgruppe), ein anderer Teil der Gruppe mit dem neuen Präparat (= Versuchsgruppe) zugeteilt. Als „primary efficacy variables" verwendete man die Werte von zwei psychologischen Tests (HAMD und CGI), welche von den Patienten beider Gruppen zu Beginn und auch am Ende der Studie bearbeitet wurden. Höhere Testwerte bei diesen Tests deuten auf schwerere Depression hin. Durch Differenzbildung zwischen den beiden Messzeitpunkten konnte man also eine Verbesserung oder Verschlechterung (bzw. gegebenenfalls ein Gleichbleiben) feststellen. Die (für dieses Beispiel etwas verändert wiedergegebene) Nullhypothese lautet: „Die Schwere der Depression zwischen den beiden Messzeitpunkten bleibt unverändert." Die Alternativhypothese lautet dementsprechend, dass die Schwere der Depression zwischen den beiden Messzeitpunkten abnimmt (dass das neue Medikament also wirksamer ist). Für die Versuchsgruppe wurde zwischen den Messzeitpunkten eine Veränderung des HAMD-Scores von 15,6 Punkten, für die Kontrollgruppe von 14,5 Punkten beobachtet.

"For all statistical tests a 5 % significance level was considered acceptable and used throughout the analysis ... Scores for these primary efficacy variables decreased significantly (p = 0.000) by the end of the treatment."

Agublia, E., Cacacchia, M., Cassano, G. B., Faravelli, C., Ferrari, G., Giordano, P., Pancheri, P., Ravizza, L., Trabucchi, M., Bolino, F., Scarpato, A., Berardi, D., Provenzano, G., Brugnoll, R. & Rozzini, R. (1993). Double-blind study of the efficacy and safety of sertraline versus fluoxetine in major depression. International Clinical Psychopharmacology, 8, 197–202.

Der p-Wert gibt die Wahrscheinlichkeit an, mit der man sich irrt, wenn man sich aufgrund der Stichprobenergebnisse für die Alternativhypothese entscheidet! Anders formuliert: Der p-Wert ist die Wahrscheinlichkeit für ein falsch positives Ergebnis.

Zunächst ist angegeben, dass das Signifikanzniveau 5 % (oder, was äquivalent ist, 0,05) beträgt. Das heißt, ein statistisches Resultat im Rahmen dieser Studie ist dann signifikant, wenn der **p-Wert** höchstens p = 0,05 beträgt. Aufgrund des angeführten p-Wertes von p = 0,000 ist der beobachtete Stichprobenabfall der „primary efficacy variables“ zwischen den beiden Messzeitpunkten signifikant (p = 0,000 ist deutlich kleiner als p = 0,05). Es wird also die Alternativhypothese angenommen. Das bedeutet: Die zuvor angeführte beobachtete Veränderung des HAMD-Scores für die Versuchsgruppe von 15,6 Punkten (es handelt sich ja nur um ein Stichprobenergebnis!) ist darauf zurückzuführen, dass das Medikament wohl auch in der Population der Patienten Wirkung zeigt. Es handelt sich also nicht nur um eine zufällige Veränderung, die – eben zufällig – in der ausgewählten Stichprobe auftrat. Da der Schluss von einer Stichprobe auf die Population aber nie 100%ig sicher ist, bleibt ein „Restrisiko“ bestehen, dass diese Schlussfolgerung falsch ist. Aber dieses Restrisiko ist mit deutlich weniger als 5 % eben sehr gering.

Aus einer Studie

Sehen wir uns noch ein zweites Beispiel an: Es wurde untersucht, ob Blutdruck und Demenz bei älteren Personen zusammenhängen (n = 382). Für die Studie wurden 70-jährige Personen nach einem Zufallsprinzip ausgewählt. Jene, die nicht an Demenz erkrankt waren, wurden als Testpersonen ausgewählt und über einen Zeitraum von 15 Jahren in bestimmten Abständen auf Demenz untersucht. Parallel dazu wurde auch der Blutdruck erfasst. Die beiden zu vergleichenden Gruppen bildeten sich also erst in späterer Folge. Gruppe 1: Personen, die an Demenz erkranken. Gruppe 2: Personen, die nicht an Demenz erkranken. Es geht um den Vergleich dieser beiden Gruppen hinsichtlich des Blutdrucks.

“[Statistical] tests were used to test the hypothesis of no differences between the groups ... Those who developed dementia at age 79–85 had higher systolic blood pressure at age 70, higher diastolic blood pressure at ages 70 and 75 ... but also higher body-mass-index (p = 0.031) at age 70 than those who did not develop dementia.”

Skoog, I., Lernfelt, B., Landahl, S., Palmertz, B., Andreasson, L., Nilsson, L., Persson, G., Oden, A. & Svanborg, A. (1996). 15-year longitudinal study of blood pressure and dementia. The Lancet, 347, 1141–1145.

Zunächst finden wir eine Angabe zu den Hypothesen. In der Nullhypothese steckt zumeist die Aussage, dass es zwischen Gruppen keine Unterschiede gibt, und es wird stets davon ausgegangen, dass in „Wahrheit", also in der Population, die Nullhypothese gilt. Deshalb die Formulierung „to test the hypothesis of no differences between groups". Das ist die Nullhypothese, von der ausgegangen wird. Die Alternativhypothese formuliert, dass es eben schon einen Unterschied im Blutdruck zwischen den Gruppen „An Demenz erkrankt" und „Nicht an Demenz erkrankt" gibt, obwohl sie in dieser Arbeit nicht explizit angeführt ist, was sie allerdings sein sollte. Zur Erinnerung: Wir werden praktisch immer Unterschiede zwischen zwei Stichproben finden. Die Frage ist: Sind diese Unterschiede zufallsbedingt oder kommen sie dadurch zustande, dass sich die Populationen unterscheiden? Wenn ein Ergebnis signifikant ist, gehen wir davon aus, dass die Stichprobenunterschiede bedingt sind durch Populationsunterschiede. Der hier berichtete p-Wert von $p = 0{,}031$ ist, da kleiner als 0,05, auf dem 5%-Niveau signifikant, das heißt, es wird dafür entschieden, die Alternativhypothese anzunehmen. Die Wahrscheinlichkeit, mit dieser Entscheidung einen Fehler zu begehen, beträgt nur 3,1 %. Schlussfolgerung: Auch in der Population (und nicht nur in dieser Studienstichprobe) der Demenzkranken und Nichtdemenzkranken bestehen die berichteten Zusammenhänge zwischen Blutdruck, Body-Mass-Index (BMI) und Demenzerkrankung. Das Akzeptieren dieser Alternativhypothese birgt ein nur sehr geringes Risiko, falsch zu liegen (exakt beträgt dieses Risiko 3,1 %, denn: $p = 0{,}031$ [0,031 mal 100 % = 3,1 %]). Bei der Interpretation solcher Resultate muss man allerdings sehr vorsichtig sein: Bloß weil Personen im Alter von 79 bis 85 Jahren Demenz entwickelten UND im Alter von 70 Jahren einen (signifikant) höheren BMI hatten, darf man nicht automatisch auf Kausalzusammenhänge schließen.

1.4 Fehler erster Art und Fehler zweiter Art

Um welches Problem geht es in diesem Unterkapitel?

Wenn man – ausgehend von einer Stichprobe – etwas über die Grundgesamtheit (Population) aussagen möchte, steht man vor dem Problem, dass man eben diese Grundgesamtheit nicht kennt. Ähnlich geht es einer Frau, die einen Schwangerschaftstest macht, sagen wir in der fraglichen vierten Woche. Äußerlich kann man noch nichts sehen, also muss sie sich auf das Testergebnis verlassen. Wie bei jedem diagnostischen Test besteht – neben den korrekten Resultaten – auch hier die Möglichkeit sowohl eines falsch positiven als auch falsch negativen Ergebnisses. In der Inferenzstatistik, also beim Schluss von der Stichprobe auf die Grundgesamtheit, ist das Problem strukturell das gleiche: Man möchte etwas über die Population aussagen, deren Verhältnisse aber nicht bekannt sind. Also behilft man sich ebenfalls mit einem Test, und zwar einem statistischen Test. Auch dieser kann ein korrektes Ergebnis liefern, aber eben auch ein falsches ...

Wenn Sie dieses Unterkapitel gelesen haben, können Sie folgende Fragen beantworten:

Wie unterscheidet sich der Fehler erster Art vom Fehler zweiter Art?
Warum ist es problematisch, im Rahmen einer Studie viele statistische Tests (d. h. p-Werte) auszurechnen?
Warum kann es problematisch sein, Subgruppen-Analysen durchzuführen, und wie kann mit diesem Problem umgegangen werden?
Was versteht man unter dem Publikationsbias?

Schlüsselbegriffe

Fehler erster und zweiter Art, Publish or perish, texanischer Scharfschütze, multiples Testproblem, Subgruppen-Analysen, Bonferroni-Korrektur, Publikationsbias

Wir haben festgestellt, dass es falsch sein kann, die Alternativhypothese anzunehmen und damit die Nullhypothese zu verwerfen. Dieser mögliche Fehler heißt „Fehler erster Art" oder „Alphafehler". Die Wahrscheinlichkeit, diesen Fehler zu begehen, ist durch das Signifikanzniveau begrenzt. Also: Bei einem Signifikanzniveau von 5 % beträgt das Risiko, diesen Fehler zu begehen, höchstens 5 %. Der p-Wert liefert uns die exakte Wahrscheinlichkeit. Beträgt der p-Wert $p = 0{,}12$, so begehen wir mit 12%iger Wahrscheinlichkeit einen Fehler, wenn wir die Alternativhypothese annehmen. Das ist zu viel, also bleiben wir bei der Nullhypothese. Beträgt der p-Wert $p = 0{,}003$, so begehen wir mit 0,3%iger Wahrscheinlichkeit einen Fehler, wenn wir die Alternativhypothese annehmen. Das ist wenig, also akzeptieren wir die Alternativhypothese.

Es existiert aber noch eine weitere Fehlermöglichkeit: Man entscheidet sich für die Beibehaltung der Nullhypothese, obwohl „in Wirklichkeit" – in der Population – die Alternativhypothese gilt. Dieser Fehler heißt „Fehler zweiter Art" oder „Betafehler". Da wir in der Regel die Populationsverhältnisse nicht kennen, wissen wir nie, ob wir einen dieser Fehler begangen oder eine richtige Entscheidung getroffen haben. „Richtig" kann heißen: 1. Wir haben die Alternativhypothese angenommen und „in Wirklichkeit" gilt sie, bzw. 2. wir haben die Nullhypothese beibehalten und „in Wirklichkeit" gilt sie.

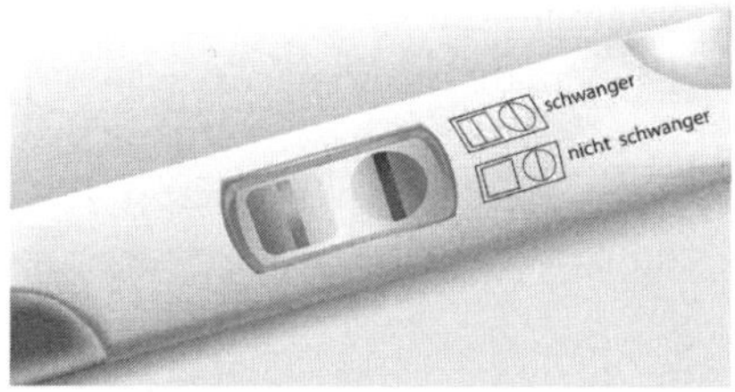

Man muss damit leben, dass praktisch nichts im Leben 100%ig ist. Die Situation ist vergleichbar mit jener, in der sich eine Frau befindet, die einen Schwangerschaftstest durchführt. Es gibt eine „Wirklichkeit": schwanger oder nicht schwanger zum Messzeitpunkt. Und es gibt ein Testergebnis: positiv (= schwanger) oder negativ (= nicht schwanger). Da diese Frau nicht weiß, ob sie nun „in Wirklichkeit" schwanger ist oder nicht, muss sie sich auf das Testergebnis verlassen – so wie der Wissenschaftler, der nicht weiß, wie die Population (seine „Wirklichkeit") aussieht. Auch er muss sich auf ein Testergebnis verlassen, und das ist letztlich der p-Wert. Die Frau schenkt dem Schwangerschaftstest Glauben, ebenso wie der Wissenschaftler dem p-Wert vertraut.

Es kann zu vier Situationen kommen:

Situation 1: Zeigt der Test „positiv" und ist die Frau tatsächlich schwanger, so ist die Entscheidung „O. k. – ich bin schwanger" korrekt.

Situation 2: Zeigt der Test „positiv" und ist die Frau tatsächlich nicht schwanger, so ist die Entscheidung „O. k. – ich bin schwanger" falsch.

Situation 3: Zeigt der Test „negativ" und ist die Frau tatsächlich nicht schwanger, so ist die Entscheidung „O. k. – ich bin nicht schwanger" korrekt.

Situation 4: Zeigt der Test „negativ" und ist die Frau tatsächlich schwanger, so ist die Entscheidung „O. k. – ich bin nicht schwanger" falsch.

Analog gibt es auch beim statistischen Hypothesentesten die in Abbildung 1.6 dargestellten vier Situationen.

		Wirklichkeit (in der Population): Nullhypothese gilt	Wirklichkeit (in der Population): Nullhypothese gilt nicht
Entscheidung aufgrund der Stichprobendaten …	… für die Nullhypothese	Entscheidung korrekt	Entscheidung falsch FEHLER ZWEITER ART
	… gegen die Nullhypothese	Entscheidung falsch FEHLER ERSTER ART	Entscheidung korrekt

Greifen wir auf das Beispiel „Demenz und Blutdruck" zurück.

Nullhypothese: Kein Zusammenhang zwischen Demenz udn Blutdruck
Alternativhypothese: Es besteht ein Zusammenhang.

Die Autoren mussten sich für die Annahme der Alternativhypothese entscheiden, weil der p-Wert kleiner als 0,05 war – das ist auf dem 5%-Signifikanzniveau eben signifikant. WENN in der Population dieser Zusammenhang auch tatsächlich besteht, also die Alternativhypothese in der Population gilt, ist die getroffene Entscheidung KORREKT.
Dies entspricht dem rechten unteren Feld.

WENN in der Population aber die Alternativhypothese nicht gilt, sondern die Nullhypothese, dann ist die getroffene Entscheidung FALSCH. Dies entspricht dem linken unteren Feld: Fehler erster Art. Bei einem p-Wert von p = 0,031 beträgt die Wahrscheinlichkeit, diesen Fehler erster Art zu begehen, allerdings nur 3,1 %!

Abb. 1.6: Schluss auf die Population: Vier mögliche Situationen

Statistische Tests, die auf einen Schluss von Stichproben auf die Population abzielen und letztlich einen p-Wert „auswerfen", bezeichnet man als Signifikanztests. In der Praxis werden zumeist mehrere Signifikanztests gerechnet, etwa weil viele Parameter erhoben wurden (wie Geschlecht, Alter, Gewicht, verschiedene Blutparameter, Zugehörigkeit zu bestimmten Gruppen [Versuchs- und Kontrollgruppe, Wohnort Stadt oder Land, schwanger oder nicht schwanger, Operationsmethode 1 oder 2 oder 3 usw.]). Signifikanztests haftet, wie wir gesehen haben, immer etwas Unsicheres an – ein signifikantes Resultat und damit das Akzeptieren der Alternativhypothese kann fehlerhaft sein, weil immer auch der Zufall mitspielt. Genauso kann es eben auch passieren, dass trotz eines nicht signifikanten Resultats in der Population sehr wohl ein Effekt vorhanden ist, der aber aus verschiedenen Gründen in der Studie nicht belegt werden konnte. Wir wollen uns nun den ersten Fall noch etwas genauer ansehen: fehlerhafte Signifikanz. (Den zweiten Fall – keine Signifikanz trotz Effekt in der Population – behandeln wir anschließend.)

Die Esoterikerin Hella Seher, von Beruf Hellseherin, behauptet, sie habe kraft ihrer mentalen Stärke Gewalt über Geldmünzen, was sich darin zeige, dass sie nur Zahl werfe. Mittels einer Videoaufnahme belegt sie das. Auf dem Bildmaterial ist eindeutig zu sehen, dass sie fünfmal hintereinander Zahl wirft. Sie lassen, da Sie skeptisch sind, das Material von einem Profi checken, der Ihnen bestätigt, dass kein Bildschnitt durchgeführt wurde – das Video zeigt eine durchgehende Serie von fünf Münzwürfen, es wurde nicht manipuliert. (Den Fall, dass die Münze selbst oder irgendwelche Umgebungsbedingungen manipuliert wurden, schließen wir für dieses Beispiel aus.)

Überlegen wir uns, wie wahrscheinlich es ist, durch bloßen Zufall – also ohne Willensbeeinflussung – fünfmal hintereinander Zahl zu werfen. Da es nur zwei Möglichkeiten gibt (Wappen und Zahl), beträgt die Wahrscheinlichkeit für einmal Zahl 0,5 oder 50 %. Die Wahrscheinlichkeit für zweimal Zahl beträgt 0,25 oder 25 %, da die beiden Einzelwahrscheinlichkeiten miteinander multipliziert werden. Die Wahrscheinlichkeit für dreimal Zahl beträgt nur mehr 12,5 % ($0{,}5 \cdot 0{,}5 \cdot 0{,}5$), jene für viermal Zahl 6,25 % und für fünfmal Zahl 3,125 %. Wenn wir uns an das wissenschaftliche Vorgehen halten und eine Null- sowie eine Alternativhypothese formulieren, müssten wir bei einem Signifikanzniveau von 5 %, da wir fünfmaliges Zahlenwerfen beobachtet haben, jetzt die Nullhypothese verwerfen.

Nullhypothese: Es besteht kein Zusammenhang zwischen dem Willen von Hella Seher und dem Fallen der Münzen.

Alternativhypothese: Hella Seher kann das Fallen der Münzen beeinflussen, es besteht also ein Zusammenhang.

Denn: Dass sie durch bloßen Zufall fünfmal hintereinander Zahl wirft, ist mit etwas über 3 % sehr unwahrscheinlich, die Signifikanzgrenze von 5 % wird unterschritten: Alternativhypothese angenommen!

Bei der Sache gibt es allerdings einen Haken: Hella Seher hat Ihnen eine wichtige Information vorenthalten. Nämlich: Sie hat insgesamt 50 Serien geworfen, jede Wurfserie mittels Video aufgenommen und Ihnen dann die erfolgreiche Wurfserie vorgespielt, die halt zufällig beim 50. Versuch aufgetreten ist. (Sie hätte auch gleich beim ersten Mal auftreten können oder beim 30. Mal oder auch erst beim 400. Mal.)

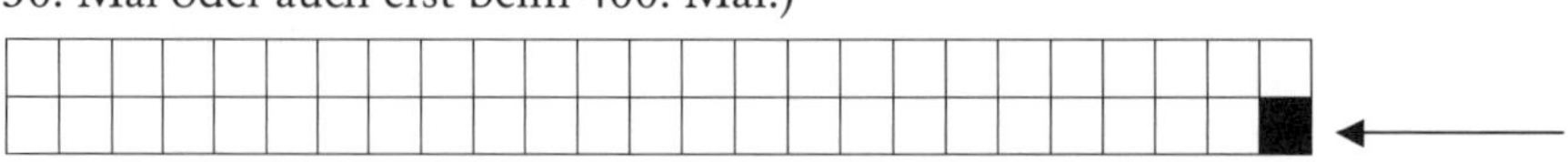

Da die Wahrscheinlichkeit, zufällig fünfmal Zahl zu werfen, rund 3 % beträgt, werden wir erwarten, dass, wenn wir 100 Fünferserien werfen, wir ca. dreimal erfolgreich sein werden – durch bloßen Zufall! Sollte tatsächlich eine mentale Kraft vorhanden sein, müsste eine Fünferserie wesentlich öfter vorkommen.

Genau das kann beim statistischen Testen auch passieren. Wenn viele statistische Tests durchgeführt werden, kommt es hin und wieder zu zufällig signifikanten Ergebnissen!

Publish or perish: Das multiple Testproblem

Die unreflektierte Anwendung statistischer Tests führt zu großen Problemen. Sehen wir uns folgende Analogie an: Zur Stellenbeschreibung eines Revolverhelden gehören unter anderem eine ruhige Hand, Treffsicherheit und Kaltblütigkeit. John Fake, seines Zeichens Möchtegern-Revolverheld im Wilden Westen, verfügt zwar über eine gehörige Portion Kaltblütigkeit, aber die ruhige Hand und die Treffsicherheit zählen nicht zu seinen Stärken. Deshalb hat er sich zur Angewohnheit gemacht, zuerst zu schießen und danach die Zielscheibenmarkierungen über das Einschussloch zu malen. Die derart perfekten Schussbilder zeigt er dann seinen Freunden Wild West und Dirty Harry.

„Texanischer Scharfschütze" – dieses Wortgebilde hat sich eingebürgert für ein Vorgehen, das wir schon von Hella Seher kennen: zuerst „schießen" (oder: statistisch testen), anschließend Ergebnisse heraussuchen, die ins Konzept passen, und diese schließlich präsentieren. In wissenschaftlichen Publikationen sieht man bevorzugt signifikante Resultate, aber die vielen insignifikanten nicht. Dazu kommt erschwerend, dass – auch dies wissen wir schon – statistische Tests mit einer bestimmten Wahrscheinlichkeit rein zufällig signifikant sein können. Je mehr Tests man durchführt, desto höher ist die Wahrscheinlichkeit dafür.

In Tabelle 1.3, die einer Publikation entnommen wurde, sind die p-Werte aus insgesamt 40 statistischen Tests angeführt, und 30 davon sind zumindest auf dem 5%-Niveau signifikant (das heißt, die entsprechenden p-Werte betragen höchstens 0,05). Es darf die Vermutung aufgestellt werden, dass in Summe noch mehr als die in der Tabelle berichteten Tests gerechnet wurden, da immerhin 75 % der Ergebnisse signifikant sind – doch selbst wenn es „nur" diese 40 waren, ist die Wahrscheinlichkeit für einen Fehler erster Art enorm hoch.

Tab. 1.3: Die Wahrscheinlichkeit für einen Fehler erster Art steigt mit der Anzahl statistischer Tests

Comparison of prevalences of observed hygiene indicators in homes of club members and controls, Makoni and Tsholotsho Districts, Zimbabwe 2000

Observed hygiene indicators	Tsholotsho				Makoni			
	% members $n = 354$	% control $n = 59$	χ^2	*p*-value	% members $n = 382$	% control $n = 113$	χ^2	*p*-value
Ladle owned	95	46	110.25	< 0.0001	52	42	3.44	0.0637
Ladle in use	95	30	116.01	<0.0001	45	42	0.29	0.5908
Covered drinking water	96	90	—	0.05062*	88	91	0.6	0.4401
Individual cups	97	22	231.96	<0.0001	98	66	99.17	<0.0001
Individual plates	86	10	192.63	<0.0001	97	64	96.75	<0.0001
Pot racks	78	41	33.53	<0.0001	94	82	13.56	0.0002
Borehole water	96	100	—	0.1112*	81	80	0	0.9909
Nutrition garden	60	19	32.99	<0.0001	99	80	63.23	<0.0001
Rubbish pit	64	25	29.64	0.0001	93	82	10.27	0.0013
Pit well managed	60	29	18.53	0.0001	55	29	22.15	0.0001
Swept yard	73	49	23.09	0.0001	44	37	1.39	0.2385
No open faecal disposal	100	2	396.75	<0.0001	88	59	45.48	<0.0001
Latrine owned	43	2	32.77	<0.0001	74	57	8.15	0.0035
Latrine built in last year	42	3	31.01	<0.0001	36	4	46.87	<0.0001
Child faeces in yard	4	0	1.69	0.0807	16	23	2.75	0.0972
Used clean latrine	41	2	32.5	<0.0001	38	31	1.8	0.1792
Hand wash facility owned	80	40	38.84	<0.0001	45	20	11.57	0.0006
Hand wash facility in use	74	39	24.85	<0.0001	35	20	8.06	0.0045
Hand wash facility + soap	39	20	6.82	0.0093	7	1	92.89	<0.0001
Pouring for hand washing	91	3	230.98	<0.0001	38	49	92.89	<0.0001

*p values show significance of difference between intervention and control, by χ^2 or (where indicated *) by Fisher's exact test.

Die Wahrscheinlichkeiten dafür, bei einer gegebenen Anzahl von statistischen Tests zumindest einmal fälschlich die Alternativhypothese anzunehmen, können berechnet werden. In Tabelle 1.4 sind sie für bis zu 40 Tests angeführt.

Wenn wir von einem Signifikanzniveau von 5 % ausgehen, nehmen wir bei einem Test mit höchstens 5%iger Wahrscheinlichkeit die Alternativhypothese fälschlich an (Spalte „WKT“: Wahrscheinlichkeit). Bei zwei Tests sind es schon fast 10 %, und bei 40 Tests beträgt die Wahrscheinlichkeit für zumindest eine fälschlich akzeptierte Alternativhypothese schon nahezu 90 %!

Wer suchet, der findet. Wer viele Parameter untersucht – Blutdruck, Alter, Geschlecht, verschiedene Blutparameter usw. – und das noch bei unterschiedlichen Endpunkten, wird mit hoher Wahrscheinlichkeit durch bloßen Zufall einige signifikante Resultate erzielen. Ob und welche dieser Signifikanzen darauf beruhen, dass es in der Population tatsächlich Effekte gibt, ist kaum überprüfbar. Die Situation ist vergleichbar mit der Manipulation von Hella

Tab. 1.4: Erhöhung der Wahrscheinlichkeit für den Fehler erster Art

Anzahl	WKT		Anzahl	WKT
1 Test	**5,0**		21 Tests	**65,9**
2 Tests	**9,8**		22 Tests	**67,6**
3 Tests	**14,3**		23 Tests	**69,3**
4 Tests	**18,5**		24 Tests	**70,8**
5 Tests	**22,6**		25 Tests	**72,3**
6 Tests	**26,5**		26 Tests	**73,6**
7 Tests	**30,2**		27 Tests	**75,0**
8 Tests	**33,7**		28 Tests	**76,2**
9 Tests	**37,0**		29 Tests	**77,4**
10 Tests	**40,1**		30 Tests	**78,5**
11 Tests	**43,1**		31 Tests	**79,6**
12 Tests	**46,0**		32 Tests	**80,6**
13 Tests	**48,7**		33 Tests	**81,6**
14 Tests	**51,2**		34 Tests	**82,5**
15 Tests	**53,7**		35 Tests	**83,4**
16 Tests	**56,0**		36 Tests	**84,2**
17 Tests	**58,2**		37 Tests	**85,0**
18 Tests	**60,3**		38 Tests	**85,8**
19 Tests	**62,3**		39 Tests	**86,5**
20 Tests	**64,2**		40 Tests	**87,1**

Endpunkt: Darunter versteht man die im Rahmen einer Studie interessierende und zu erfassende Eigenschaft, wie „Überleben“, „Tod“, „subjektive Lebensqualität“ oder „Schlaganfall“. Zumeist gibt es einen primären Endpunkt, oft auch mehrere sekundäre Endpunkte. Die Endpunkte müssen im Vorfeld definiert und dürfen nicht im Nachhinein „gefunden“ werden.

„Harte“ Endpunkte sind beispielsweise das „Überleben“ oder das Ereignis „Knochenfraktur“, daneben gibt es aber auch „weiche“ Endpunkte („Surrogatendpunkte“), wie etwa die Knochendichte oder die Konzentration eines Parameters wie HbA1c oder des Glucosespiegels.

Seher: Oft versuchen, dann die erfolgreiche Serie herauspicken und die Alternativhypothese „Hella Seher kann das Fallen der Münzen beeinflussen, es besteht also ein Zusammenhang zwischen Hella und der Art, wie die Münzen fallen“ annehmen.

Also: Das Ergebnis von Hella Seher ist absolut wertlos, da eben auch eine Fünferserie hin und wieder zufällig vorkommt, ganz ohne den sechsten Sinn. Selbst beim Lotto kommen per Zufall regelmäßig die begehrten Sechser. Man müsste im Vorhinein wissen, wer gewinnen wird, und nicht im Nachhinein! Denn: Wir dürfen nicht die Wahrscheinlichkeit, dass irgendwer gewinnen wird, mit der Wahrscheinlichkeit, dass genau Herr Huber aus der Müllerstraße 23 den Sechser trifft, verwechseln. Da wir das aber so gerne verwechseln, machen wir die Glücksspielgesellschaften glücklich und den Staat obendrein, denn es werden hohe Glücksspielabgaben fällig. („Ja, wenn der glückliche Briefträger – der Gewinner von letzter Woche – nicht getippt hätte, dann hätte er ja jetzt auch keinen Sechser!“...)

Bei statistischen Untersuchungen wird korrekterweise folgendermaßen vorgegangen:

1. Wir formulieren vor dem Test möglichst wenige, aber wohlbegründete statistische Hypothesen.
2. Wir berechnen statistische Tests. (Signifikanzniveau vorher festlegen!)
3. Wenn der p-Wert entsprechend klein ist, akzeptieren wir die Alternativhypothese(n).
4. Wir wissen: Mit einer Wahrscheinlichkeit von beispielsweise höchstens 5 % (bzw. 1 %, je nach Signifikanzniveau) begehen wir dabei einen Fehler.

Das falsche Vorgehen wäre:

1. Wir formulieren keine wohlbegründeten Hypothesen.
2. Wir rechnen Dutzende oder Hunderte statistische Tests (schießen also wild in der Gegend herum, ganz im Sinne des texanischen Scharfschützen John Fake).
3. Wir suchen die signifikanten Resultate heraus und ignorieren die Möglichkeit, dass höchstwahrscheinlich auch rein zufällig signifikante Resultate dabei sind (also: p-Werte unterhalb der 5 %- oder 1 %-Grenze).
4. Wir interpretieren die signifikanten Resultate und halten uns an das Motto „publish or perish" („Publiziere oder gehe unter").

In der Wissenschaft geschieht Derartiges immer wieder und ist unter dem Begriff „multiples Testproblem" bekannt. Da dieses Problem von enormer Bedeutung ist, sehen wir uns dazu noch ein Beispiel an.

Der Arzt Dr. Druck steht tatsächlich unter Druck (nomen est omen). Sein Chef verlangt zumindest fünf Publikationen in Fachjournalen im kommenden Jahr. Da die meisten Zeitschriften viel lieber signifikante Ergebnisse publizieren als nicht signifikante, sieht sich Dr. Druck genötigt, solche zu produzieren („publish or perish" – „publiziere oder gehe unter"). Er verzichtet auf das korrekte Vorgehen, anhand von Vorerfahrungen begründete Hypothesen aufzustellen und diese zu überprüfen. Stattdessen sucht er 20 Parameter, wie Alter, Geschlecht, Testosteronspiegel, Glucosewert, Body-Mass-Index usw., sowie drei klinische Endpunkte: Blutdruck nach einem, nach drei und nach fünf Behandlungsmonaten. Schließlich entscheidet sich Dr. Druck auch noch, die Analysen für drei Subgruppen durchzuführen, indem er das Alter der Patienten einteilt in: a) bis 30 Jahre, b) 31 bis 50 Jahre und c) ab 51 Jahre. Da er diese Parameter nach der Verfügbarkeit in der spitalseigenen Patientendatenbank auswählt, hat er sie alle rasch beisammen und kann sie mittels Computerprogramm in kürzester Zeit auswerten. Bei 20 Parametern, drei Zeitpunkten und drei Subgruppen ergeben sich $20 \cdot 3 \cdot 3 = 180$ statistische Tests. Der Computer benötigt nur wenig Rechenzeit, um 180 p-Werte auszugeben (siehe Tab. 1.5, 1.6 und 1.7). (Anmerkung: Wir nehmen für dieses Beispiel an, dass alle Tests unabhängig voneinander sind ...)

Tab. 1.5, Tab. 1.6 und Tab. 1.7: Das multiple Testproblem

Altersgruppe bis 30 Jahre							
Param.	**1 Monat**	**3 Monate**	**6 Monate**	**Param.**	**1 Monat**	**3 Monate**	**6 Monate**
1	p-Wert 1	p-Wert 21	p-Wert 41	11	p-Wert 11	p-Wert 31	p-Wert 51
2	p-Wert 2	p-Wert 22	p-Wert 42	12	p-Wert 12	p-Wert 32	p-Wert 52
3	p-Wert 3	p-Wert 23	p-Wert 43	13	p-Wert 13	p-Wert 33	p-Wert 53
4	p-Wert 4	p-Wert 24	p-Wert 44	14	p-Wert 14	p-Wert 34	p-Wert 54
5	p-Wert 5	p-Wert 25	p-Wert 45	15	p-Wert 15	p-Wert 35	p-Wert 55
6	p-Wert 6	p-Wert 26	p-Wert 46	16	p-Wert 16	p-Wert 36	p-Wert 56
7	p-Wert 7	p-Wert 27	p-Wert 47	17	p-Wert 17	p-Wert 37	p-Wert 57
8	p-Wert 8	p-Wert 28	p-Wert 48	18	p-Wert 18	p-Wert 38	p-Wert 58
9	p-Wert 9	p-Wert 29	p-Wert 49	19	p-Wert 19	p-Wert 39	p-Wert 59
10	p-Wert 10	p-Wert 30	p-Wert 50	20	p-Wert 20	p-Wert 40	p-Wert 60

Altersgruppe 31 bis 60 Jahre							
Param.	**1 Monat**	**3 Monate**	**6 Monate**	**Param.**	**1 Monat**	**3 Monate**	**6 Monate**
1	p-Wert 61	p-Wert 81	p-Wert 101	11	p-Wert 71	p-Wert 91	p-Wert 111
2	p-Wert 62	p-Wert 82	p-Wert 102	12	p-Wert 72	p-Wert 92	p-Wert 112
3	p-Wert 63	p-Wert 83	p-Wert 103	13	p-Wert 73	p-Wert 93	p-Wert 113
4	p-Wert 64	p-Wert 84	p-Wert 104	14	p-Wert 74	p-Wert 94	p-Wert 114
5	p-Wert 65	p-Wert 85	p-Wert 105	15	p-Wert 75	p-Wert 95	p-Wert 115
6	p-Wert 66	p-Wert 86	p-Wert 106	16	p-Wert 76	p-Wert 96	p-Wert 116
7	p-Wert 67	p-Wert 87	p-Wert 107	17	p-Wert 77	p-Wert 97	p-Wert 117
8	p-Wert 68	p-Wert 88	p-Wert 108	18	p-Wert 78	p-Wert 98	p-Wert 118
9	p-Wert 69	p-Wert 89	p-Wert 109	19	p-Wert 79	p-Wert 99	p-Wert 119
10	p-Wert 70	p-Wert 90	p-Wert 110	20	p-Wert 80	p-Wert 100	p-Wert 120

Altersgruppe ab 51 Jahre							
Param.	1 Monat	3 Monate	6 Monate	Param.	1 Monat	3 Monate	6 Monate
1	p-Wert 121	p-Wert 141	p-Wert 161	11	p-Wert 131	p-Wert 151	p-Wert 171
2	p-Wert 122	p-Wert 142	p-Wert 162	12	p-Wert 132	p-Wert 152	p-Wert 172
3	p-Wert 123	p-Wert 143	p-Wert 163	13	p-Wert 133	p-Wert 153	p-Wert 173
4	p-Wert 124	p-Wert 144	p-Wert 164	14	p-Wert 134	p-Wert 154	p-Wert 174
5	p-Wert 125	p-Wert 145	p-Wert 165	15	p-Wert 135	p-Wert 155	p-Wert 175
6	p-Wert 126	p-Wert 146	p-Wert 166	16	p-Wert 136	p-Wert 156	p-Wert 176
7	p-Wert 127	p-Wert 147	p-Wert 167	17	p-Wert 137	p-Wert 157	p-Wert 177
8	p-Wert 128	p-Wert 148	p-Wert 168	18	p-Wert 138	p-Wert 158	p-Wert 178
9	p-Wert 129	p-Wert 149	p-Wert 169	19	p-Wert 139	p-Wert 159	p-Wert 179
10	p-Wert 130	p-Wert 150	p-Wert 170	20	p-Wert 140	p-Wert 160	p-Wert 180

Gehen wir mal vom schlimmsten Fall aus: Keiner der 20 Parameter hängt auch nur irgendwie kausal mit den Endpunkten und Subgruppen zusammen. Dennoch ist bei einem Signifikanzniveau von 5 % davon auszugehen, dass ca. acht p-Werte zufallsbedingt unter 0,05 liegen (ca. fünf von 100 p-Werten werden zufällig unter 0,05 liegen). Und es wird Dr. Druck nicht schwerfallen, irgendwelche Erklärungen dafür zu finden. Frau Hella Seher hatte ja auch eine Erklärung für die Fünferserie, nämlich ihren sechsten Sinn.

Nehmen wir an, Dr. Druck vergleicht die Gruppen „Patienten und Nichtpatienten" hinsichtlich des Parameters „Blutdruck" und erhält ein Ergebnis, das auf dem 5 %-Niveau nicht signifikant ist (p-Wert größer 0,05

In einer Folge der Krimiserie Columbo („Mind over Mayhem") stiehlt ein junger Wissenschaftler die Forschungsergebnisse eines anderen. Um den Betrug nicht auffliegen zu lassen, wird ein Mitwisser ermordet. Die Scientific Community verlangt Publikationen und Vorträge. Auch wenn im wirklichen Leben nicht Mord und Totschlag herrschen: Der Druck, zu publizieren, ist oft gewaltig und fördert unwissenschaftliche Vorgehensweisen, da Existenzen davon abhängen, eine bestimmte Anzahl von Veröffentlichungen vorweisen zu können. Der „Publikationsdruck" findet seinen Niederschlag nicht selten auch im zwielichtigen Spiel mit falschen Signifikanzen ...

oder 5 %, zum Beispiel: $p = 0{,}09$). Er muss die Schlussfolgerung ziehen, dass es in der Population der Männer und Frauen keinen Unterschied beim Blutdruck gibt (Nullhypothese beibehalten). Aber er braucht ein signifikantes Resultat, also vergleicht er diese beiden Gruppen nochmals hinsichtlich eines anderen Parameters, sagen wir: Glucosespiegel. Ist auch hier keine Signifikanz gegeben, wiederholt er das Spiel mit anderen Parametern so oft, bis er einen p-Wert kleiner/gleich 0,05 erhält – irgendwann, sagen wir beim siebenten Test, wird sich ein solcher zeigen. Dann sagt er: „Signifikant! Alternativhypothese angenommen!" Allerdings ist bei sieben Tests die Wahrscheinlichkeit, mindestens eine Alternativhypothese fälschlich anzunehmen, schon auf rund 30 % angestiegen, und das ist weit mehr als die akzeptierten 5 %. Natürlich ist es möglich, dass sich die Populationen der Patienten und Nichtpatienten tatsächlich hinsichtlich dieses Parameters unterscheiden (sicher wissen könnte Dr. Druck es nur, wenn er die Populationen untersuchte, er hat allerdings nur die Stichproben). Aber: Wir akzeptieren bei einem Signifikanzniveau von 5 % eine Alternativhypothese nur, wenn das Risiko für deren fälschliche Annahme eben höchstens 5 % beträgt, und das ist bei solch einem Vorgehen nicht mehr der Fall. Dr. Druck hätte bei der Studienplanung wohlbegründet aufgrund von Vorerfahrungen oder Literaturbelegen das Hypothesenpaar Null- und Alternativhypothese aufstellen und dann einen statistischen Test durchführen müssen und nicht wahl- und ziellos so lange durchtesten dürfen, bis sich ein signifikantes Resultat zeigt.

Bonferroni-Korrektur

Wenn im Rahmen einer Studie mehrere Parameter an mehreren Patientengruppen untersucht werden, was ja durchaus zulässig ist, dann muss dem eben geschilderten Problem durch bestimmte Rechenverfahren (multivariate Verfahren, das heißt, es werden mehrere Parameter in einem einzigen, komplizierteren Rechenvorgang untersucht) oder besondere Korrekturfaktoren begegnet werden. In diesem Zusammenhang wird Ihnen immer wieder der Begriff „Bonferroni-Korrektur" begegnen. Wird die Bonferroni-Korrektur angewandt, stellt man sicher, dass die Wahrscheinlichkeit für den Fehler erster Art nicht ansteigt – dass sie also, führt man beispielsweise drei Tests durch, sich nicht auf rund 14 % (siehe Tabelle 1.4) erhöht, sondern dass weiterhin die 5%-Grenze eingehalten wird.

Aus einer Studie

Es wurde der Effekt von Akupunktur auf die Hauttemperatur bei Kindern mit neurologischen Störungen untersucht. Um Temperaturänderungen an verschiedenen Körperstellen vor und nach der Behandlung vergleichen zu können, wurden mehrere statistische Tests angewandt, was natürlich zu mehreren p-Werten führte.

"The temperature differences were analyzed (separately for each child and body part) ... To control the overall Type I error rate, the Bonferroni method was used."

Svedberg, L. E., Nordahl, U. E. G. & Lundeberg, T. C. M. (2001). Effects of acupuncture on skin temperature in children with neurological disorders and cold feet. Complementary Therapies in Medicine, 9, 89–97.

Mit „overall Type I error rate" ist gemeint, dass durch die Bonferroni-Korrektur das Signifikanzniveau für alle diese durchgeführten statistischen Verfahren eingehalten wurde. Ohne diese Korrektur würde das Risiko, einen Fehler erster Art zu begehen, ansteigen – aber so wird das Signifikanzniveau (von beispielsweise 5 %) eingehalten.

Aus einer Studie

"An adjustment for multiple testing was not defined in the study protocol, because we expected at least moderate correlations between the three pain-assessment measures."

Brockow, T., Dillner, A., Franke, A. & Resch, K. L. (2001). Analgesic effectiveness of subcutaneous carbon-dioxide insufflations as an adjunct treatment in patients with non-specific neck or low back pain. Complementary Therapies in Medicine, 9, 68–76.

Da die Studienautoren nur geringe Zusammenhänge („moderate correlations") erwarteten, wurde von vornherein auf eine Korrektur des Fehlers erster Art (oder: „Alphafehlers") verzichtet. Generell sollte im Studienprotokoll eine entsprechende Berücksichtigung und damit Kontrolle des multiplen Testproblems festgelegt werden.

Die Bonferroni-Korrektur sorgt dafür, dass das Risiko für eine falsche Schlussfolgerung der Art „Ich akzeptiere die Alternativhypothese, weil die Wahrscheinlichkeit, dabei einen Fehler zu begehen“ für die gesamte Studie bzw. einen Teil der statistischen Auswertung höchstens 5 % beträgt (oder 1 %, wenn als Signifikanzniveau 1 % festgelegt wurde). Ohne eine Korrektur würde das Risiko, solch eine falsche Schlussfolgerung zu treffen, mit der Anzahl durchgeführter Tests ansteigen.

Diese Art der Korrektur setzt voraus, dass die untersuchten Parameter voneinander unabhängig sind. Diese Voraussetzung ist beispielsweise nicht gegeben, wenn mit einem Test das mittlere Körpergewicht von zwei Probandengruppen verglichen wird und mit einem zweiten der Body-Mass-Index, da der BMI mit steigendem Körpergewicht ebenfalls steigt. Für solche Fälle gibt es aber weitere Korrekturverfahren.

Das Problem nachträglicher Subgruppen-Analysen

Von Subgruppen spricht man, wenn anhand bestimmter Merkmale Teilgruppen gebildet werden. Ist es beispielsweise das ursprüngliche Ziel, zu untersuchen, ob eine bestimmte Behandlung den Blutdruck bei Patienten einer Versuchs- und Kontrollgruppe beeinflusst, und stellt sich heraus, dass dies nicht der Fall ist, könnte man anhand des Alters Subgruppen bilden. Anschließend werden die Altersgruppen „bis 20 Jahre“, „21 bis 40 Jahre“, „41 bis 60 Jahre“ und „ab 61 Jahre“ getrennt analysiert. Kommt es immer noch nicht zu einem signifikanten Ergebnis, konstruiert man weitere Patientengruppen, wie „Männer bis 25 Jahre“, „Frauen bis 25 Jahre“, „Männer von 26 bis 50 Jahre“, „Frauen von 26 bis 50 Jahre“ usw., und zwar so lange, bis etwas „Signifikantes“ herauskommt. Ein ähnliches Vorgehen kennen wir bereits vom Beispiel „Dr. Druck“. Es entsteht das multiple Testproblem. Wer lange genug sucht, findet früher oder später auch etwas. Falsch positive Resultate werden rein zufallsbedingt auftreten.

Wie gravierend dieses Problem ist, wurde von Claudia Schmoor (nachzulesen in Schumacher & Schulgen, 2002) anschaulich geschildert. Im Rahmen von zwei Studien (Zeitraum zwischen 1984 und 1989) wurde ein Vergleich verschiedener adjuvanter Therapien nach Mastektomie durchgeführt. Das Zielkriterium war die rezidivfreie Überlebenszeit. Claudia Schmoor teilte die Patientinnen aus den beiden tatsächlich durchgeführten Studien, die **alle**

einheitlich behandelt worden waren, nun rein zufällig in zwei Gruppen auf. 208 Patientinnen kamen in die hypothetische „Therapiegruppe A", 207 Patientinnen in die hypothetische „Therapiegruppe B". Erwartungsgemäß zeigte sich kein Unterschied in den Überlebenskurven zwischen den beiden Gruppen (siehe Abbildung 1.7). Auch die Faktoren Alter, Menopausenstatus, Tumorlokalisation, Tumorgrad etc. waren, wie durch die Zufälligkeit der Aufteilung in die beiden „künstlichen" Therapiegruppen zu erwarten, in beiden Gruppen gleichmäßig verteilt. Dann wurde die rezidivfreie Überlebenszeit in 23 Subgruppen, die sich durch mögliche **Risikofaktoren** ergaben (wie: Alter „kleiner gleich 45", „46 bis 60", „ab 61"; oder: Menopausenstatus „prä" und „post"; usw.), zwischen den beiden künstlichen „Therapiegruppen" A und B verglichen. Tatsächlich konnte in der Subgruppe „Anzahl befallener axillärer Lymphknoten" mit den Ausprägungen „1 bis 3", „4 bis 9" und „mehr als 9" eine scheinbar deutliche (und statistisch signifikante: $p = 0{,}019$) Überlegenheit einer der beiden künstlich und zufällig gebildeten Therapiegruppen A und B gefunden werden. Diese Überlegenheit kann nicht durch eine ungleiche Verteilung möglicher Risikofaktoren erklärt werden. Tatsächlich waren die beiden Therapien A und B ja absolut identisch – die Subgruppen-Analyse legt jedoch den Schluss nahe, dass die eine Therapie überlegen sei. Der beobachtete Therapieeffekt ist ein reines Zufallsprodukt!

> Risikofaktor: Ein Risikofaktor stellt eine Eigenschaft dar, die einen möglichen Einfluss auf das Krankheitsgeschehen ausübt. Rauchen ist ein Risikofaktor für Erkrankungen des Herz-Kreislauf-Systems. Ein Risikofaktor kann aber auch schützend wirken – Bewegung vermag das Risiko für Herz-Kreislauf-Erkrankungen zu senken. Der Begriff „Risiko" ist also nicht originär negativ zu verstehen. Ob ein Faktor als Risikofaktor gilt, wird im Rahmen einer Studie untersucht. Ist er es nicht, handelt es sich eben nicht um einen „Risikofaktor", da diese Eigenschaft dann das Krankheitsgeschehen auch nicht zu beeinflussen vermag. So kann man zwar den Einfluss des Sternzeichens „Zwilling" auf die Ausbildung von „Alzheimer" untersuchen, aber man wird keinen Kausalzusammenhang entdecken: Das Sternzeichen ist kein Risikofaktor!

Zur Illustration sehen Sie die Abbildungen 1.7 und 1.8:
Abbildung 1.7 zeigt die Überlebenskurven für die beiden hypothetischen Therapiegruppen A und B, die sich – erwartungsgemäß – nicht unterscheiden, da A und B ja einheitlich behandelt wurden.

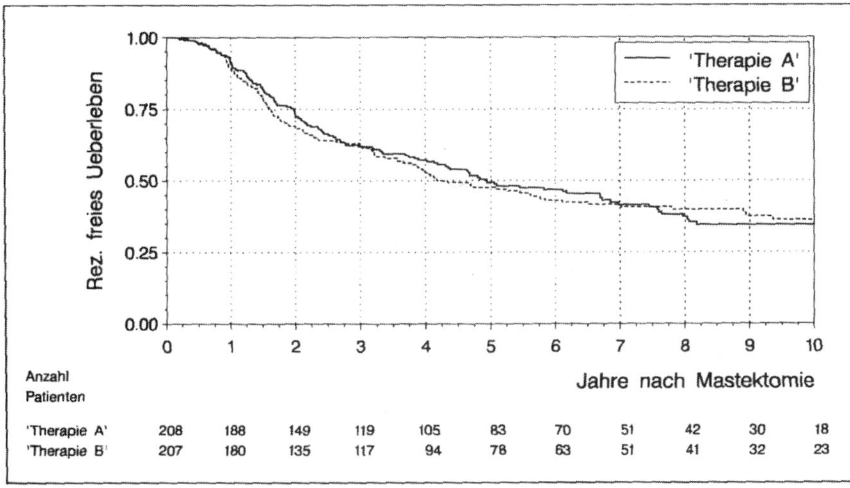

Abb. 1.7: Rezidivfreies Überleben in den Subgruppen A und B

Abbildung 1.8 zeigt für eine der vielen gebildeten Subgruppen die Überlegenheit der Therapie A: Dieses Resultat müsste durch eine unabhängige zweite Studie validiert werden, sonst ist es wertlos!

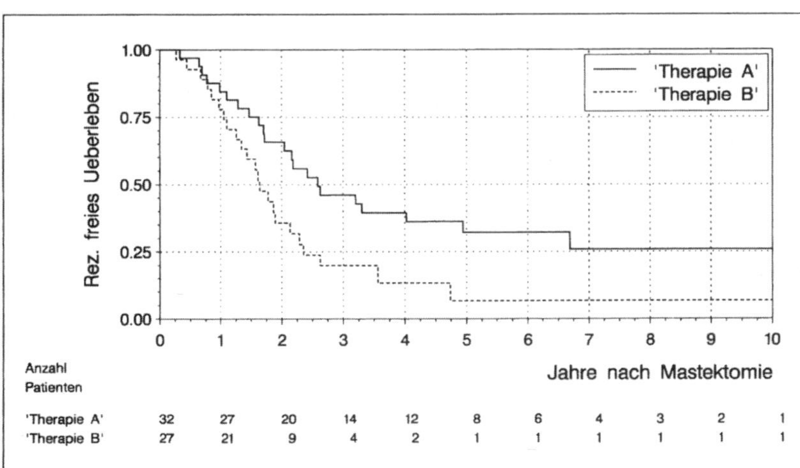

Abb. 1.8: Wer suchet, der findet: Ein problematisches Subgruppen-Resultat

Die Konsequenz aus diesen Überlegungen ist, dass Subgruppen-Analysen wohlbegründet bereits in der Planungsphase der Studie feststehen müssen und dass ihre Anzahl gering gehalten werden sollte. Wenn in der Publikation zahlreiche Subgruppen-Analysen berichtet werden, sollten wir hellhörig werden, vor allem dann, wenn der Hauptzielparameter nicht signifikant ist. Dann liegt der Verdacht nahe, dass nach „irgendwelchen" Resultaten gesucht wurde. Dazu kommt, dass wir als Leserinnen und Leser nicht überprüfen können, ob nicht eine noch wesentlich größere Anzahl von Berechnungen durchgeführt, aber verschwiegen wurde. Natürlich kann sich im Laufe einer Studie herausstellen, dass Analysen, die ursprünglich nicht geplant waren, sinnvoll sind – solche Resultate haben aber nur explorativen Charakter und bedürfen unabhängiger Überprüfung durch andere Forschungsvorhaben, was auch explizit formuliert werden sollte.

Subgruppen- und Interimsanalysen verlangen nach entsprechenden statistischen Verfahren, um das Problem der Alphafehler-Kumulierung zu handhaben. Angaben dazu müssen in der Publikation vorhanden sein. Ist dies nicht der Fall, ist besondere Vorsicht bei der Interpretation geboten. Ein Beispiel für eine solche Angabe betreffend Interimsanalysen (das heißt, es werden statistische Tests bereits während der Durchführung gerechnet, was zu einem ähnlichen Problem führt: die Anzahl der p-Werte erhöht sich):

> *"The cutoff date for data for the planned interim analysis was November 15, 2005. We planned for three scheduled analyses; this report provides the results of the second analysis. The nominal significance level for the interim analysis was determined with the use of the Lan-DeMets procedure with an O'Brien-Fleming stopping rule."*
>
> Motzer, R. J. et al. (2007). Sunitinib versus Interferon Alfa in Metastatic Renal-Cell arcinoma. The New England Journal of Medicine, 356(2), 115–124.
>
> Hier wird berichtet, dass dem Problem der Erhöhung des Alphafehlers, das sich durch die geplanten Interimsanalysen ergibt, durch spezielle statistische Verfahren begegnet wurde, sodass das ursprüngliche Signifikanzniveau gültig bleibt.

Publikationsbias: Es werden signifikante Resultate in viel stärkerem Ausmaß veröffentlicht als insignifikante. Die Scientific Community hat kaum Möglichkeiten, zu überprüfen, wie viele dieser nicht signifikanten Resultate in der Schublade verschwunden sind. Es gibt Stimmen, welche fordern, dass JEDE Untersuchung, egal ob prospektiv oder retrospektiv anhand von Daten aus Datenbanken, in öffentlich zugänglichen Registern einsehbar sein sollte.

Es ist tatsächlich ein großes Problem, wenn Autoren nicht bekanntgeben, wie viele statistische Tests sie durchgeführt haben (und das tun sie fast nie). Wer im Rahmen einer Studie (heimlich) 200 Tests rechnet, drei signifikante Resultate und zwei insignifikante publiziert und den Rest verschweigt, gibt dem Leser keine Chance, diese Signifikanzen kritisch zu hinterfragen. Es wäre deshalb wichtig, Studien zu replizieren. Wenn von fünf gleichartigen, vergleichbaren Studien vier dieser Studien signifikante Ergebnisse in derselben Richtung aufweisen, kann diesen stärker vertraut werden, als wenn es nur eine Publikation gibt. Tragischerweise lassen sich mit der Replikation von veröffentlichten Studien selten Lorbeeren verdienen, weshalb dies kaum gemacht wird.

1.5 Das Signifikanzniveau

Um welches Problem geht es in diesem Unterkapitel?

Oft wird das sogenannte Signifikanzniveau mit der konkreten „Signifikanz“, dem p-Wert, verwechselt. Der p-Wert wird aus den Daten berechnet, das Signifikanzniveau hingegen wird vor der Studie bereits festgelegt und stellt eine Grenze dar, bis zu der ein Ergebnis als signifikant oder eben nicht signifikant zu betrachten ist.

Wenn Sie dieses Unterkapitel gelesen haben, können Sie folgende Fragen beantworten:

Was unterscheidet den p-Wert vom Signifikanzniveau Alpha?
Welche Entscheidungen beeinflussen die Wahl des Signifikanzniveaus?

Schlüsselbegriff

Signifikanzniveau Alpha

Wir wissen bereits, dass das Signifikanzniveau die Grenze angibt, bis zu der wir akzeptieren, dass wir möglicherweise die Alternativhypothese fälschlich annehmen (das heißt, dass wir etwa schlussfolgern, in der Population sei ein Unterschied vorhanden, obwohl dies nicht der Fall ist). Hypothesen können grundsätzlich nicht bewiesen werden. Mit der Statistik suchen wir Belege, Hinweise, Indizien, aber wir finden keine endgültigen Beweise. Wie wird nun entschieden, ob wir eine höchstens 5%ige, 1%ige oder 0,1%ige Fehlerwahrscheinlichkeit hinnehmen? (Diese Grenzen sind wie bereits erwähnt willkürlich festgelegt worden und haben sich etabliert, es liegt aber kein tieferer Sinn in ihnen.)

Es ist hilfreich, vorab Folgendes zu bedenken: Je größer der Unterschied zwischen Versuchs- und Kontrollgruppe ist, desto eher wird ein signifikantes Stichprobenresultat erreicht. Warum? Weil es bei einem sehr großen Stichprobenunterschied auch sehr wahrscheinlich ist, dass es in der Population einen Unterschied gibt. Es ist in solch einem Fall sehr unwahrscheinlich, dass dieser festgestellte große Stichprobenunterschied nur zufällig zustande gekommen ist.

Die Entscheidung zugunsten eines bestimmten Signifikanzniveaus wird von Fall zu Fall aufgrund inhaltlicher Überlegungen getroffen. Sehen wir uns folgende Analogie an: Stellen Sie sich vor, Sie seien Produzent von Diebstahlalarmgeräten, wie man sie in Kaufhäusern findet. Durchschreitet man die „Schleuse“ und trägt Ware bei sich, deren elektromagnetische Etikette nicht neutralisiert wurde, ertönt ein Alarmsignal. Ein Alarmsignal sollte nur dann ertönen, wenn tatsächlich ein Diebstahl passiert, denn wenn eine Person fälschlich des Diebstahls beschuldigt wird, ärgert sie sich und geht möglicherweise als Kunde verloren. Andererseits jedoch soll möglichst jeder Diebstahlversuch auffliegen. Sie stehen nun also vor dem Problem, wie sensibel Sie die Geräte einstellen sollen.

Nullhypothese: „Die Person ist kein Dieb.“ (Beziehungsweise übertragen auf eine Studie: „Es ist kein Unterschied vorhanden.“)

Alternativhypothese: „Die Person ist ein Dieb.“ (Beziehungsweise übertragen auf eine Studie: „Es ist ein Unterschied vorhanden.“)

Der Wissenschaftler steht vor einem ähnlichen Problem wie der Produzent der Alarmgeräte. Dem Sensibilitätsgrad des Alarmgerätes entspricht dabei das Signifikanzniveau. Ist der p-Wert kleiner/gleich dem Signifikanzniveau von 5 %, so ertönt ein Alarm: „Es ist ein Unterschied zwischen Verum- und Placebogruppe vorhanden!“ (Signifikant!) Die Wahrscheinlichkeit, dass es sich dabei um einen Fehlalarm handelt, beträgt allerhöchstens 5 %. Auf jeden Fall schlussfolgern wir also, dass es in der Population einen Unterschied gibt (so wie der Kaufhausdetektiv schlussfolgern würde, dass es sich um einen Dieb handelt). Um die Wahrscheinlichkeit für einen Fehlalarm zu reduzieren, muss das Signifikanzniveau von 5 % auf 1 % oder 0,1 % herabgesetzt werden. Dann kommt ein Fehlalarm seltener vor. Solch einen Fehlalarm bezeichnet man als Fehler erster Art oder Alphafehler.

Wirksamkeitsprüfung: Wird ein Arzneimittel auf Wirksamkeit geprüft, lautet die Nullhypothese: Das Mittel hat keine Wirkung. Eine Verkleinerung des Signifikanzniveaus von 5 % auf 1 % führt dazu, dass – bei gleicher Stichprobengröße – nur ein deutlich wirksameres Medikament zugelassen wird. Warum? Weil in diesem Fall der Unterschied zwischen Versuchs- und Kontrollgruppe größer sein muss, um Signifikanz zu erreichen.

Aber leider gibt es noch, wie wir bereits wissen, eine zweite Fehlermöglichkeit: Die verpasste Gelegenheit. Das heißt: Ein Dieb spaziert durch die Anlage, aber es ertönt kein Alarm. Analog dazu: Die Verum- und die Placebogruppe unterscheiden sich in Wirklichkeit, aber es ertönt kein Alarm („nicht signifikant“). Solch eine „versäumte Gelegenheit“ heißt Fehler zweiter Art oder Betafehler. Natürlich möchte man auch diesen gering halten. Leider beeinflussen sich der Fehler erster Art und der Fehler zweiter Art gegenseitig. Bei gleichbleibender Stichprobengröße erhöht eine Verkleinerung des Fehlers erster Art die Wahrscheinlichkeit für einen Fehler zweiter Art und umgekehrt. Man muss deshalb inhaltlich entscheiden, welchen dieser beiden möglichen Fehler man als wichtiger erachtet.

Ist es folgenschwer, sich fälschlich für die Alternativhypothese („Das Medikament wirkt“) zu entscheiden, zum Beispiel weil dann ein Medikament (mit möglichen starken Nebenwirkungen) auf den Markt kommt, das gar nicht wirkt, legt man das Signifikanzniveau auf 1 % oder 0,1 % fest.

Ist es folgenschwer, sich fälschlich für die Nullhypothese („Das Medikament wirkt nicht“) zu entscheiden, zum Beispiel weil dann ein Medikament NICHT auf den Markt kommt, das eine bisher unbehandelbare letale Krankheit behandeln kann, legt man das Signifikanzniveau auf 5 % oder 10 % oder möglicherweise auch auf 20 % fest.

Aus einer Studie

Der Autor beschäftigt sich mit der Planung von Studien, welche die Fraktur des Femurknochens zum Inhalt haben.

"... would give a calculated type-2 error rate of 20 % ... This in turn means that there is a 20 % chance of accepting a false null hypothesis."

Weatherall, M. (1999). Contralateral fracture of the proximal femur. The journal of bone and joint surgery, 81-B, 77–79.

Hier wird die berechnete Höhe eines möglichen Fehlers zweiter Art angegeben – sie liegt bei 20 %, das heißt, es könnte mit 20%iger Wahrscheinlichkeit geschehen, dass eine falsche Nullhypothese beibehalten wird. Mit anderen Worten: Es besteht eine 20%ige Wahrscheinlichkeit, dass ein in der Population bestehender Unterschied nicht entdeckt wird.

1.6 Ein- und zweiseitige Forschungshypothesen

Um welches Problem geht es in diesem Unterkapitel?

Hypothesen können so formuliert werden, dass die Richtung, in die ein möglicher Effekt geht, von vornherein klar ist. So ist beispielsweise bekannt, dass Alkohol in größeren Mengen die Konzentrationsfähigkeit nur senken kann. Ein Effekt in die andere Richtung – Alkohol erhöht die Konzentrationsfähigkeit – ist praktisch ausgeschlossen (von möglichen paradoxen Wirkungen, die im Einzelfall nicht ausgeschlossen werden können, abgesehen). In diesem Fall kann ein Effekt also nur in eine bestimmte Richtung gehen. Statistische Hypothesen können ein- oder zweiseitig formuliert werden, was Auswirkungen auf das Testresultat hat. Einseitige Alternativhypothesen erreichen „schneller“ Signifikanz.

Wenn Sie dieses Unterkapitel gelesen haben, können Sie folgende Fragen beantworten:

Was unterscheidet ein- von zweiseitigen Alternativhypothesen?
Warum muss die Richtung der Alternativhypothese vor der Untersuchung festgelegt werden?
Warum führen einseitige Alternativhypothesen leichter zu einem signifikanten Ergebnis?

Schlüsselbegriffe

einseitige und zweiseitige Alternativhypothesen, Signifikanz

Bei unseren bisherigen Beispielen sind wir stets davon ausgegangen, dass die Richtung eines möglichen Effektes klar ist: Die neue Therapie wirkt besser. Oder um zu den Höllendalmatinern zurückzukehren: Es gibt unter den Höllendalmatinern mehr taube Tiere als unter den normalen Dalmatinern. In beiden Fällen liegen entsprechende Erfahrungswerte vor, die uns offensichtlich berechtigen, die Richtung des Effektes anzugeben. Wir haben uns noch nicht mit dem Gedanken befasst, dass eine neue Therapie schlechter wirkt als die herkömmliche bzw. dass man keine Vorinformation darüber hat, ob man unter den Höllendalmatinern mehr oder auch weniger taube Tiere vorfindet als unter den normalen. Es könnte also sein – in beiden Fällen –, dass wir im Vorhinein überhaupt nichts darüber wissen, ob ein möglicher Effekt in die eine oder andere Richtung geht. Wenn wir Vorinformationen über die Richtung eines Effektes haben, wird die gegenteilige Richtung einfach ausgeschlossen. Dieses Vorgehen ist, sollten entsprechende Vorinformationen tatsächlich vorhanden sein, durchaus berechtigt. Oft aber haben wir derartige Kenntnisse nicht, zum Beispiel wenn es darum geht, zwei neue, noch nicht hinreichend erprobte Therapien miteinander zu vergleichen: Beide könnten gleich gut sein, oder die neue Therapie wirkt schlechter oder auch besser als die alte (Richtung unbekannt).

Aus einer Studie

"In all analyses, a $P \leq 0.05$ *was required for significance using two-sided hypothesis tests."*

Reilly, M. C., Bracco, A., Ricci, J.-F., Sanotoro, J. & Stevens, T. (2004). The Validity and Accuracy of the Work Productivity and Activity Impairment Questionnaire – Irritable Bowel Syndrome Version (WPAI:IBS). Aliment Pharmacol Ther, 20(4), 459–467.

Es wird berichtet, dass für alle statistischen Analysen zweiseitige Hypothesen bei einem Signifikanzniveau von 5 % verwendet wurden.

Aus einer Studie

"One-sided tests were used because it was hypothesized a priori that changes would be greater with behavioral training than with drug therapy."

Johnson II, T. M., Burgio, K. L., Redden, D. T., Wright, K. C. & Goode, P. S. (2005). Effects of Behavioral and Drug Therapy on Nocturia in Older Incontinent Women. J Am Geriatr Soc., 53(5), 846–850.

Hier wird der Leser darüber informiert, dass einseitige Hypothesen formuliert wurden, da offenbar Informationen über die Richtung möglicher Unterschiede vorlagen: Veränderungen konnten mit Verhaltenstraining nur größer sein als mit Drogentherapie. Auf jeden Fall ist es angebracht, nähere Informationen über die Berechtigung zu derartigen Vorannahmen zu geben.

Einseitige Hypothesen sind also nur dann berechtigt, wenn Vorinformationen vorhanden sind. Beliebt sind sie vor allem deshalb, weil sie schneller zu signifikanten Resultaten führen, vorausgesetzt, die Alternativhypothese trifft zu. Dies bedeutet, dass auch schwächere Effekte signifikant werden bzw. dass man kleinere Stichprobenumfänge benötigt als bei zweiseitigen Fragestellungen. Korrektes Vorgehen verlangt deshalb, dass 1. bereits in der Studienplanung festgelegt wird, ob die Hypothesen ein- oder zweiseitig formuliert werden (und nicht im Nachhinein), und 2. dass diese Entscheidung inhaltlich begründet ist.

Der Wechsel von der zwei- zur einseitigen Fragestellung im Nachhinein fällt unter Manipulation. Stellen Sie sich folgende Situation vor: An anorektischen Patientinnen soll die Wirkung von zwei Spezialdiäten untersucht werden. Der untersuchende Arzt hat aufgrund von Einzelerfahrungen die Hypothese, dass die von ihm entwickelte Spezialdiät (er nennt sie „Meine Superernährung") besser wirkt (also zu einer stärkeren lang anhaltenden Ge-

wichtszunahme führt) als die Spezialdiät B, aber es fehlen weitreichende Erkenntnisse an einer größeren Zahl von Patientinnen. Aus diesem Grund wäre es nicht gerechtfertigt, voreilig eine allgemeine Schlussfolgerung über die besondere Wirksamkeit von „Meine Superernährung" zu ziehen. Um mehr Belege für die Effektivität von „Meine Superernährung" zu erhalten, soll eine Pilotstudie durchgeführt werden. Aus einer Gruppe von 20 Patientinnen, die hinsichtlich aller relevanten Merkmale vergleichbar sind, werden per Zufall jeweils 10 einer der beiden Bedingungen („Meine Superernährung" und „Spezialdiät B") zugeordnet. Über einen Zeitraum von 15 Wochen wird die wöchentliche mittlere Gewichtszunahme erfasst, sodass am Ende der Untersuchung für jede der zwei Gruppen die mittlere wöchentliche Gewichtszunahme bekannt ist.

Obwohl der Arzt natürlich hofft, dass „Meine Superernährung" besser wirkt, muss das Hypothesenpaar aufgrund mangelnder weitreichender Erfahrungen mit dieser Superernährung zweiseitig formuliert werden. Denn es kann ja nicht ausgeschlossen werden, dass „Meine Superernährung" im Mittel sogar schlechter wirkt. Es gibt, wie gesagt, erst Einzelerfahrungen des Erfinders, und hier ist die Gefahr besonders groß, dass unangenehme Wahrnehmungen mehr oder minder unbewusst ausgeblendet werden.

Nullhypothese: „‚Meine Superernährung' hat die gleiche Wirkung wie Diät B."

Alternativhypothese: „Die Wirkung von ‚Meine Superernährung' unterscheidet sich von der Wirkung der Diät B."
(Bitte beachten Sie: Aufgrund der zweiseitigen Fragestellung wird nichts über die Richtung ausgesagt!)

Das Signifikanzniveau wird mit 5 % festgesetzt. Die statistische Auswertung zeigt, dass „Meine Superernährung" im Mittel zu einer stärkeren wöchentlichen Gewichtszunahme geführt hat. Die statistische Berechnung allerdings führt zu einem p-Wert von 0,07, das heißt, es muss die Nullhypothese beibehalten werden. Der Arzt ärgert sich („Signifikanz knapp verpasst!"), zumal die „Meine Superernährung"-Gruppe tatsächlich im Mittel stärker zugenommen hat. Allerdings ist aufgrund dieses p-Wertes der Unterschied zwischen den beiden Gruppen eben nur zufällig bedingt.

Zur Erinnerung: Beim Hypothesentesten wird immer ausgehend von Stichproben etwas über die Grundgesamtheit ausgesagt, in diesem Fall über die Grundgesamtheit der magersüchtigen Patientinnen. Es wird also die Frage untersucht: Ist der Unterschied in den Mittelwerten der beiden Stichproben nur zufällig oder wirkt „Meine Superernährung" tatsächlich – also in der Population – besser als die Spezialdiät B?

Der Arzt kommt nun auf die Idee, die Hypothesen im Nachhinein einseitig zu formulieren:

„Neue" Nullhypothese: „‚Meine Superernährung' wirkt höchstens gleich gut wie Spezialdiät B." (Oder: „‚Meine Superernährung' führt im Mittel höchstens zur gleichen Gewichtszunahme wie Spezialdiät B.")

„Neue" Alternativhypothese: „‚Meine Superernährung' wirkt besser als Spezialdiät B." (Oder: „‚Meine Superernährung' führt im Mittel zu einer stärkeren Gewichtszunahme als Spezialdiät B.")

Bei der einseitigen Testung darf der p-Wert halbiert werden, lautet nun also $p = 0{,}035$, was auf dem 5%-Niveau signifikant ist.

Leider liegt der Verdacht nahe, dass des Öfteren in dieser Art vorgegangen wird. Sie als Leserinnen und Leser haben praktisch kaum eine Chance, solch eine Manipulation zu erkennen.

1.7 Signifikanz und Relevanz, Power (Macht) und Fallzahlschätzung

Um welches Problem geht es in diesem Unterkapitel?

Ein Wissenschaftler, der den Erfolg einer neuen Therapie belegen möchte, hat einen signifikanten Effekt in der erwünschten Richtung herausgefunden. Ist das alleine schon Grund genug für unreflektierte Freudensprünge? Einen Grund für Skepsis kennen wir schon: Der Befund könnte zufällig zustande gekommen sein, weshalb die Replikation von Therapieeffekten eigentlich ebenso wichtig wäre wie der erstmalige Nachweis einer Wirkung. Ein anderer Grund ist folgender: Die Signifikanz, ein kleiner p-Wert also (das wäre bei einem Signifikanzniveau von 5 % etwa p = 0,04 oder p = 0,02), sagt alleine – ohne Kenntnis anderer Faktoren – kaum etwas aus über die Stärke des Effekts. Auch ein minimaler Erfolg, wie beispielsweise eine Reduktion des systolischen Blutdrucks um durchschnittlich 10 mm Hg in der Verumgruppe versus 5 mm Hg in der Placebogruppe, der möglicherweise – das hängt von inhaltlichen Überlegungen ab – klinisch nicht relevant ist oder der plausibel durch Messungenauigkeiten erklärt werden kann (Tagesverfassung, Aufregung beim Blutdruckmessen, Ungenauigkeiten bei der Messmethode etc.), wird unter bestimmten Bedingungen signifikant.

Wenn Sie dieses Unterkapitel gelesen haben, können Sie folgende Fragen beantworten:

Warum ist es nicht ausreichend, nur auf die Signifikanz zu achten und die klinische Relevanz zu missachten?
In welchem Zusammenhang stehen die Stichprobengröße und der p-Wert?

Schlüsselbegriffe

p-Wert, Signifikanz, Relevanz, Effekt, Stichprobengröße,
Power (Macht) eines Tests

Das Problem der Relevanz sei an folgendem Beispiel erläutert – nehmen Sie dieses Beispiel bitte als intuitive Metapher! Der Bausachverständige Peppi Lain hat immer wieder die Materialgüte von Pipelines zu prüfen. Dazu nimmt er die Außenwand der Röhren unter die Lupe.

Peppi Lain sucht also nach Rissen. Die Erfahrung sagt ihm: „Risse, die ich mit bloßem Auge sehen kann, sind bedeutend." Nun könnte er aber mit einem Vergrößerungsglas kleinere Risse entdecken, die allerdings unbedeutend sind. Mit noch stärkeren Lupen würde er Spalten sehen, die so minimal sind, dass sie nicht einmal für Ameisen reizvoll wären. Die Konsequenz für Peppi Lain: Er muss vorab definieren, wie groß ein Spalt sein muss, damit er für ihn relevant ist, da er mittels technischer Hilfsmittel auch völlig unbedeutende Risse im Mikrometerbereich entdecken kann. Ab wann ein Spalt in der Pipeline auf deren Stabilität Einfluss hat, muss mittels Fachwissen und Erfahrung geklärt werden. Diese Entscheidung darf er nicht seinen technischen Hilfsmitteln überlassen, denn ein Elektronenmikroskop lässt auch einen Fünf-Mikrometer-Riss wie eine Gletscherspalte erscheinen.

Ein Beispiel: Die APSAC-Studie

Wir wollen nun diese Geschichte in die Statistik transferieren und mit ihrer Hilfe die Frage untersuchen, wie Signifikanz und Relevanz zusammenhängen. Das wollen wir anhand der sogenannten APSAC-Studie machen (Beispiel entnommen aus: Schumacher & Schulgen, 2002). Ziel der APSAC-Studie, die von 1985 bis 1987 lief, war es, die Wirksamkeit des Thrombolytikums APSAC (Anisoylated Plasminorgen Streptokinase Activator Complex) mit der bis dahin üblichen Standardtherapie mittels Heparin bei Patienten mit akutem Herzinfarkt zu untersuchen. Als primäres Zielkriterium diente der Tod innerhalb von 28 Tagen nach dem Infarkt.

Mit der Frage nach der Wirksamkeit eines neuen Medikamentes ist automatisch die Frage assoziiert, was denn eigentlich unter Wirksamkeit zu verstehen ist. Eine „wahre" Reduktion der Mortalität in der Grundgesamtheit der Infarktpatienten von 15 % auf 14,9 % bedeutet zweifellos eine gewisse Wirksamkeit – bei 10.000 Patienten jährlich angewandt sind das immerhin 10 gerettete Leben. Dem gegenüber stehen aber noch andere Faktoren: Die Gefahren bei der Entwicklung neuer Medikamente (auch diese müssen ja irgendwann an Menschen getestet werden), mögliche Nebenwirkungen des neuen Medikamentes (bei etablierten Medikamenten sind diese für gewöhnlich bekannt und somit einschätzbar) sowie Wechselwirkungen mit anderen Substanzen; letztlich auch die Kosten, die dann vom Gesundheitssystem getragen werden müssen, usw. Es muss also definiert werden, welcher Unterschied klinisch relevant ist, damit man von einer sinnvollen weiteren Anwendung in der Praxis sprechen kann. Dieses Problem stellt sich analog zum Pipelinebeispiel: Ab wann hat ein Riss die Größe, um praxisrelevant und damit stabilitätsgefährdend zu sein? Für Peppi Lain könnten das Risse mit zumindest 1 Zentimeter Länge und 1 Millimeter Breite sein. Seine Effektstärke also: 1 Zentimeter lang und 1 Millimeter breit und alles darüber.

Kehren wir zurück zur APSAC-Studie. Es war bekannt, dass die Behandlung mit APSAC zu einer Verringerung der Mortalität führte, sodass das Gegenteil

– eine Erhöhung – ausgeschlossen werden konnte. Damit kommt gut begründet durch empirische Vorerfahrungen nur eine einseitige Hypothesenformulierung in Betracht. Nehmen wir einmal rein hypothetisch an, dass die wahre Reduktion durch APSAC, also die Verringerung der Mortalität in der Population, nur 0,1 % betrage. (In der Praxis ist die „wahre" Reduktion nicht bekannt, denn dazu müsste man ja die Population untersuchen und nicht nur die Stichproben – aber nehmen wir einmal an, dass wir diese wahre Reduktion kennen und sie betrage 0,1 %.) Es liegt im Wesen der Signifikanztests, dass Signifikanz und Stichprobengröße zusammenhängen: Eine (sehr) große Stichprobe führt dazu, dass auch winzige Unterschiede statistisch signifikant werden. Das bedeutet: Wenn die Stichproben, anhand derer die Wirksamkeit von APSAC und Heparin untersucht werden, entsprechend groß sind, dann würde auch dieser winzige Unterschied signifikant werden. Für das APSAC-Beispiel können wir uns also auf die einseitige Fragestellung beschränken – das Gegenteil (nämlich eine Erhöhung der Mortalität) kann begründet ausgeschlossen werden.

Nehmen wir an, in den Stichproben der Heparin- und APSAC-Patienten zeigt sich tatsächlich eine Reduktion der Mortalität von 0,1 % und die Stichprobengrößen betragen in unserem hypothetischen Beispiel vorerst jeweils $n = 10$ Patienten. Da ein so geringer Unterschied leicht durch Zufall entstehen kann (Stichproben unterscheiden sich ja praktisch immer), würden sehr große Stichproben benötigt werden, um diesen signifikant werden zu lassen. Ein 0,1%-Unterschied zwischen den beiden Stichproben kann sehr leicht durch Zufall zustande kommen, weshalb er bei diesen kleinen Stichproben von jeweils $n = 10$ wohl nicht signifikant sein wird.

Was passiert, wenn wir die Stichproben von jeweils $n = 10$ auf $n = 10.000$ anheben? Trotz des gleich gebliebenen Unterschieds von 0,1%-Punkten ist es jetzt möglich, dass das Ergebnis signifikant wird, nur alleine aufgrund der Stichprobenvergrößerung.

Was hier passiert ist, gilt grundsätzlich für statistische Tests:

> Mit zunehmender Stichprobengröße wird ein kleiner Unterschied irgendwann signifikant. Wenn also die Stichproben nur groß genug sind, führen auch winzige Unterschiede zu einem kleinen p-Wert, sodass die Alternativhypothese akzeptiert wird. Mit anderen Worten: Wenn der Wissenschaftler nur genügend Patienten untersucht, erhält er früher oder später signifikante Resultate, selbst wenn die Effekte minimal sind.

Erinnern Sie sich an Peppi Lain? Selbst minimale, unbedeutende Risse könnte er mit einem entsprechenden Vergrößerungsglas sehen. Auch der Statistiker kann minimale Unterschiede mit einem entsprechenden Vergrößerungsfaktor sehen, nämlich mit einer entsprechend großen Stichprobe. So wie Peppi Lain definiert hat, dass ein Riss zumindest 1 Zentimeter lang und 1 Millimeter breit sein muss, um praktische Bedeutung zu haben, muss der Wissenschaftler definieren, wie groß ein Unterschied sein muss, um klinisch relevant zu sein. Die Stichprobengröße entspricht dabei dem Vergrößerungsfaktor: nicht so groß, dass irrelevante Haarrisse auffallen (signifikant werden), und nicht so klein, dass selbst bedeutende Risse unentdeckt bleiben!

Aus diesen Überlegungen heraus können wir zwei Schlussfolgerungen ziehen:

1. Die Kenntnis des p-Wertes alleine reicht nicht aus, um ein signifikantes Resultat bewerten zu können. (Es könnte sich um riesige Stichproben handeln, die dazu geführt haben, dass ein minimaler, unbedeutender Unterschied signifikant wird.)
2. Es müssen bereits in der Planungsphase einer Studie Überlegungen zur praktischen (klinischen) Relevanz eines Effektes angestellt werden. Diese Überlegungen sind fachspezifischer, nicht originär statistischer Art!

Aus einer Studie

In diesem Artikel werden einige Aspekte von Kosten und Nutzen klinischer Studien beleuchtet. So wird u. a. auf den Nutzen eines möglichen Screenings zur Prävention von Magenkrebs eingegangen.

"The study concluded that screening the population (particularly men) aged 50–70 was cost effective given the assumption of a 30 % decrease in gastric cancer. Therefore, a trial should be designed to detect at least a 30 % reduction in cancer among 50–70 year olds."

Torgerson, D. & Byford, S. (2002). Economic modelling before clinical trials. BJM, 325, 98.

David Torgerson und Sarah Byford berichten hier von Überlegungen zur Kosteneffizienz, die im Rahmen einer Studie angestellt wurden. Das Screening „zahlt sich aus“ im Sinne einer Kosten-Nutzen-Effizienz, wenn dadurch eine 30%ige Reduktion von Magenkrebs erreicht werden kann. Diese 30%ige Reduktion kann demnach als klinisch relevanter Mindesteffekt aufgefasst werden. Inwieweit moralische Erwägungen bei derartigen Überlegungen eine Rolle spielen sollen, ist eine politisch-gesellschaftliche und keine statistische Frage.

Relevant in diesem Zusammenhang ist auch der Begriff „Power" bzw. „Macht eines statistischen Tests". Bis jetzt ist es hauptsächlich um den Fehler erster Art, den Alphafehler gegangen, das heißt: Wir haben uns Gedanken über den Fehler gemacht, der darin besteht, die Alternativhypothese FÄLSCHLICH anzunehmen (also eine FALSCH POSITIVE Entscheidung zu treffen).

Die Power eines statistischen Tests hingegen ist die Wahrscheinlichkeit, dass wir uns für die Alternativhypothese entscheiden, sofern diese tatsächlich gilt, also richtig ist. An dieser Stelle sei nochmals auf Folgendes hingewiesen: Die Stichprobenumfänge sollen einerseits nicht so gering sein, dass sie auch große Unterschiede nicht erfassen können, und andererseits nicht so groß, dass sie selbst geringe Unterschiede in der Population entdecken („signifikant machen") – Unterschiede also, die praktisch ohne Bedeutung sind.

Die Power hängt inhaltlich direkt mit dem Effekt zusammen. Man muss einen klinischen Mindesteffekt definieren, der – vorausgesetzt, er ist in der Population tatsächlich vorhanden – gefunden werden soll, und dann ist zu definieren, mit welcher Wahrscheinlichkeit (= POWER!) dieser Effekt oder ein größerer Effekt vom statistischen Test entdeckt werden soll („signifikant gemacht" werden soll). Üblicherweise beträgt diese Wahrscheinlichkeit ca. 80 %.

Die Power eines Tests ist die Wahrscheinlichkeit, eine richtige Alternativhypothese als solche zu erkennen. Als Übereinkunft gilt: Die Power sollte zumindest 70 % betragen, in der Regel liegt sie bei 80 % bis 90 %.

Lesen Sie dazu folgenden Ausschnitt aus einer Publikation:

Aus einer Studie

Es werden zwei Präparate zur Karzinombehandlung verglichen, und zwar primär im Hinblick auf einen möglichen Effekt auf das progressionsfreie Überleben.

"For our study, we determined that 471 events (disease progression or death from any cause) would be required for 90 % power to detect a clinically relevant increase in progression-free survival from 4.7 to 6.2 months in patients treated with ..."

Motzer et al. (2007). Sunitinib versus Interferon Alfa in Metastatic Renal-Cell Carcinoma. The New England Journal of Medicine, 356(2), 115–124.

Es wurde ein Anstieg des progressionsfreien Überlebens von 4,7 auf 6,2 Monate als klinisch relevanter Mindesteffekt definiert. Um einen solchen Mindesteffekt in der Population, so er vorhanden ist, mit 90%iger Wahrscheinlichkeit in der zu planenden Studie auch wirklich zu entdecken, waren 471 „events" erforderlich. Für die Fallzahlschätzung werden, neben anderen, wie beispielsweise dem Signifikanzniveau Alpha, auch diese Angaben benötigt. Die Festlegung eines Mindesteffekts ist keine statistische, sondern eine fachlich-medizinische oder auch gesellschaftspolitische Entscheidung. Der Methodiker kann, wird und darf nicht entscheiden, ob es sich „auszahlt", wenn ein Patient zwei Monate länger progressionsfrei überleben kann ...

1.8 Konfidenzintervalle

Um welches Problem geht es in diesem Unterkapitel?

Aussagen über die Grundgesamtheit sind immer mit Unsicherheiten behaftet, weil diese Grundgesamtheit ja nicht bekannt ist. Glücklicherweise ist es möglich, für aus Stichproben errechnete Statistiken, wie beispielsweise den Mittelwert, den Median oder die Odds Ratio, einen Bereich anzugeben, der den wahren Parameter (jenen der Population also) mit einer bestimmten Wahrscheinlichkeit überdeckt. Solch einen Bereich nennt man Konfidenzintervall.

Wenn Sie dieses Unterkapitel gelesen haben, können Sie die folgende Frage beantworten:
Was sind die Vorteile von Intervall- gegenüber Punktschätzungen?

Schlüsselbegriffe
Konfidenzintervall, Vertrauensbereich, Punktschätzung, „wahrer" Wert

Sie kennen aus den Wetterprognosen im Fernsehen bestimmt Darstellungen ähnlich jener, wie sie in Abbildung 1.9 zu sehen ist. Die mittlere Linie stellt die Temperaturprognose für die nächsten Tage dar, die obere und untere Linie ist so etwas wie ein Vertrauensbereich: Höchstwahrscheinlich wird sich die Temperatur innerhalb dieser Grenzen bewegen. Sicher sagen kann das niemand, und mit zunehmendem Blick in die Zukunft werden die Vertrauensbänder auch weiter, das heißt, die Prognose wird unsicherer.

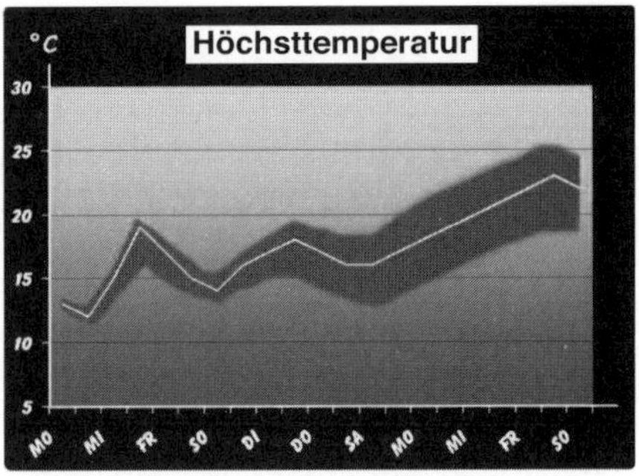

Abb. 1.9: Wettervorhersage mit Vertrauensintervallen

Ähnlich verhält es sich mit dem Blick von der Stichprobe auf die Grundgesamtheit, eine Grundgesamtheit, die ja genauso wenig bekannt ist wie das Wetter in zwei Tagen. Aber es gibt Modelle – beim Wetter ebenso wie in der Statistik –, mit denen man einen Blick in dieses unsichere Gebiet wagen kann, wohl wissend, dass damit automatisch prognostische Unsicherheiten verbunden sein müssen!

In der Statistik kann man sogenannte Konfidenzintervalle berechnen, die – ähnlich wie die „Vertrauensbänder" bei der Wettervorhersage – Bereiche angeben, welche den „wahren" Parameter vermutlich umfassen. Der wahre Parameter ist der Wert in der Grundgesamtheit (Population). Stellen Sie sich das so vor: Heute um 20 Uhr 52 Minuten und 11 Sekunden haben alle Österreicherinnen und Österreicher ein bestimmtes Gewicht. Würden wir also alle Österreicherinnen und Österreicher um diese Zeit auf die Waage stellen und daraus das Durchschnittsgewicht berechnen, hätten wir den „wahren" Parameter, das „wahre" Durchschnittsgewicht. Das ist natürlich nur theoretisch möglich. Also ziehen wir eine repräsentative Stichprobe von 100 Personen und wiegen diese ab. Als Ergebnis erhalten wir, sagen wir, ein Durchschnittsgewicht von 81,5 Kilogramm. Nun ist es möglich, ausgehend von diesem ermittelten Stichproben-Durchschnittsgewicht ein Intervall zu berechnen, das den wahren Parameter mit einer bestimmten Wahrscheinlichkeit überdeckt. Übliche Wahrscheinlichkeiten sind: 95 %, 99 % oder 99,9 % (diese Wahrscheinlichkeiten entsprechen den Signifikanzniveaus 5 %, 1 % und 0,1 %). Diese Intervalle nennt man Konfidenzintervalle oder Vertrauensbereiche.

Ein Konfidenzintervall gibt jenen Bereich an, der den „wahren“ Parameter mit vorgegebener Wahrscheinlichkeit überdeckt. Dadurch ist es auch möglich, Aussagen über die Stärke eines Effekts zu treffen.

Wir vertrauen mit vorgegebener Wahrscheinlichkeit darauf, dass der Populationsparameter (der „wahre“ Wert) innerhalb dieses Bereiches liegt. Wir haben bisher stets von der Irrtumswahrscheinlichkeit bzw. dem Signifikanzniveau Alpha gesprochen (5 %, 1 % oder 0,1 %). Das Konfidenzintervall ist also ein Bereich, der mit einer vorgegebenen Wahrscheinlichkeit den wahren Parameter (in der Population) überdeckt. Bei einem Signifikanzniveau Alpha von 5 % heißt das, dass der errechnete Bereich mit einer Wahrscheinlichkeit von 1–0,05 = 95 % den wahren Parameter überdeckt, und mit einer Wahrscheinlichkeit von 5 % eben nicht.

Aus einer Studie

Es werden zwei Präparate zur Karzinombehandlung verglichen, und zwar primär im Hinblick auf einen möglichen Effekt auf das progressionsfreie Überleben.

Motzer et al. (2007). Sunitinib versus Interferon Alfa in Metastatic Renal-Cell Carcinoma. The New England Journal of Medicine, 356(2), 115–124.

In Abbildung 1.10 sind die Hazard Ratios (HR) für die Gesamtstichprobe sowie für Untergruppen dargestellt. Die Punkte stellen jeweils die Stichproben-HR dar, die Linien das jeweilige 95%-Konfidenzintervall. Die senkrechte, durchgehende Linie repräsentiert die HR von 1, was gleichbedeutend ist mit „kein Effekt“.

Hazard Ratio: Die Hazard Ratio (HR) wird bei Überlebenszeitanalysen berechnet und kann im Prinzip wie die Odds Ratio (siehe Kapitel 2.2.1) interpretiert werden. Die HR gibt die Veränderung eines Risikos an, zum Beispiel des Risikos, innerhalb einer bestimmten Zeitspanne zu versterben. Das Risiko, zu einem bestimmten Zeitpunkt einen Event zu beobachten, wird als Hazard bezeichnet. Dieses kann sich natürlich über die Zeit ändern. Vergleicht man zwei Gruppen von Patienten über einen Zeitraum hinsichtlich des Risikos, können die beiden Hazards zueinander in Beziehung gesetzt werden. Es resultiert die Hazard Ratio. Da diese wie die Odds Ratio interpretiert wird, bedeutet eine HR von 1, dass sich die beiden Gruppen nicht unterscheiden.

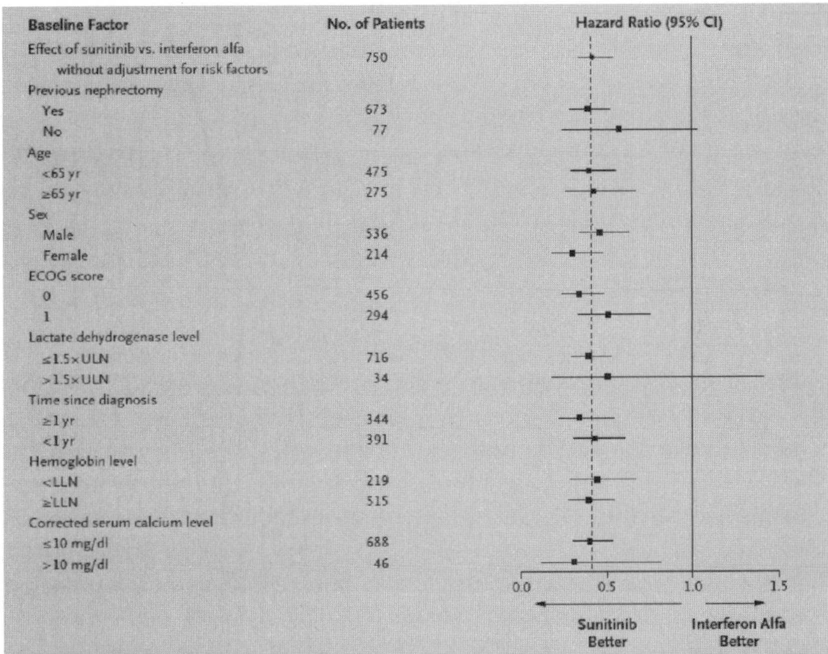

Figure 3. Progression-free Survival in Subgroups, According to Baseline Factors (Independent Central Review). Data are missing for time since diagnosis for 15 patients and for hemoglobin level and corrected serum calcium level for 16 patients. To convert values for calcium to millimoles per liter, multiply by 0.25. ECOG denotes Eastern Cooperative Oncology Group, ULN upper limit of the normal range, and LLN lower limit of the normal range.

Abb. 1.10: Konfidenzintervalle für die Hazard Ratio

Wenn das Konfidenzintervall die Linie „HR 1,0“ nicht überdeckt, bedeutet dies, dass die HR signifikant von 1 verschieden ist, dass also ein Effekt angenommen werden kann. Betrachten Sie die Subgruppe „previous nephrectomy“: In der Gruppe „yes“ ist die HR signifikant von 1 verschieden, weil die obere Konfidenzgrenze unterhalb von 1 liegt; das heißt, Sunitinib ist signifikant besser („Sunitinib Better“). In der Gruppe „no“ überdeckt das Konfidenzintervall den Wert 1, das heißt, die beiden Substanzen Sunitinib und Interferon Alfa sind hinsichtlich der HR nicht signifikant verschieden.

In Bezug auf Konfidenzintervalle spricht man auch von Intervallschätzungen im Gegensatz zu Punktschätzungen. Berechnet man beispielsweise den Mittelwert des Gewichts einer Stichprobe, hat man einen Punktschätzer. Der

Nachteil dabei ist, dass nichts über die Präzision dieses Wertes als Schätzer für das mittlere Gewicht der Population gesagt werden kann. Ein Konfidenzintervall hingegen erlaubt eine Aussage über die Genauigkeit. Wird beispielsweise die Odds Ratio aus Stichprobendaten berechnet, und beträgt dieses – sagen wir – 0,91, so können wir noch nichts darüber aussagen, in welchem Bereich die wahre Odds Ratio (jene der Population!) vermutlich liegen wird. Dies ist anders bei Angabe eines Konfidenzintervalls:

Aus einer Studie

In einem randomisierten, verblindeten Trial wurden Patienten mit COPD über einen Zeitraum von vier Jahren beobachtet. Die Versuchsgruppe erhielt eine Substanz (Tiotropium), die Kontrollgruppe ein Placebo. Primärer Endpunkt war die mittlere Abnahme des FEV1 (forced expiratory volume in 1 second). Es wurde zusätzlich die Quality of Life anhand des Instruments SGRQ (St. George's Respiratory Questionnaire) erfasst.

"The overall mean between-group difference in the SGRQ total score at any time point was 2,7 (95 % confidence interval [CI], 2.0 to 3.3) in favor of tiotropium (p < 0.001)."

Tashkin et al. (2008). A 4-Year Trial of Tiotropium in Chronic Obstructive Pulmonary Disease. The New England Journal of Medicine, 359(15), 1543–1554.

Es wird berichtet, dass die mittlere Differenz im SGRQ-Gesamtscore 2,7 Punkte betrug. Für diesen Mittelwert wird ein 95 %-Konfidenzintervall von 2,0 bis 3,3 angegeben, und zwar zugunsten von Tiotropium. Vorausgesetzt, die Stichproben waren repräsentativ, können wir davon ausgehen, dass der wahre Mittelwert, also jener, der in der Population der Patienten zu beobachten wäre, im Bereich von 2,0 bis 3,3 Punkten liegt. Natürlich ist diese Aussage auch mit Unsicherheit behaftet. Aber mit 95%iger Wahrscheinlichkeit wird der Bereich [2,0; 3,3] den „wahren" Parameter überdecken. Die Breite des Konfidenzintervalls hängt unter anderem auch von der Stichprobengröße ab. Je größer die Stichprobe, desto enger wird das Konfidenzintervall. Es ist ersichtlich, dass die Kenntnis des Konfidenzbereiches mehr Information beinhaltet als die Kenntnis des Mittelwertes alleine.

2 Medizinstatistische Kennzahlen aus der Epidemiologie

Als wissenschaftliche Disziplin beschäftigt sich die Epidemiologie mit den Ursachen, Folgen und der Verbreitung von gesundheitsbezogenen Ereignissen in einer Population. Ihre Hauptaufgabe liegt in der Analyse jener Komponenten bzw. Faktoren, die zur Gesundheit und Krankheit von Individuen beitragen, um damit Einschätzungen über – in erster Linie – Erkrankungen und deren Ausbreitung treffen zu können. Medizinstatistische Kennzahlen ermöglichen eine Präzisierung dieser Einschätzung bezogen auf eine Population und machen somit auch das Ableiten von Interventionen möglich. In diesem Kontext wird im Folgekapitel auf die grundlegendsten Kennwerte und deren praktische Relevanz eingegangen.

2.1 Inzidenz und Prävalenz

Um welches Problem geht es in diesem Kapitel?

Im Jahr 2010 wurden in Österreich bei 36.733 Menschen Krebsneuerkrankungen dokumentiert, 19.103 bei Männern und 17.630 bei Frauen. Bei 10.419 Männern und 9.253 Frauen führte eine Krebserkrankung im Jahr 2010 zum Tod, damit sind Krebserkrankungen für etwa ein Viertel der jährlichen Todesfälle verantwortlich. Tendenziell gehen aber sowohl das Risiko einer Neuerkrankung als auch das Sterblichkeitsrisiko zurück. 2010 gab es etwas weniger Inzidenzfälle als 2009 (37.698 Neuerkrankungen) und um 1 % mehr als vor zehn Jahren (37.200 Neuerkrankungen). Bei den Männern haben die Neuerkrankungen von 2009 auf 2010 um 4 % abgenommen. Im Vergleich zu 2000 nahm die Zahl der Neuerkrankungen bei Männern um knapp 2 % ab. Bei den Frauen zeigt sich gegenüber 2009 ein Rückgang um fast 1 % bzw. eine Zunahme um ebenfalls 1 % gegenüber 2000. (Statistik Austria, Krebsinzidenz im Überblick, 2012) Das Problem dabei: Wie können die unterschiedlichen Verläufe der Erkrankungen über den zeitlichen Verlauf dargestellt und somit auch Überlegungen bezüglich verschiedener Beeinflussungen abgeleitet werden?

Welche Krebsformen sind bei Männern und bei Frauen am häufigsten? Wie viele Menschen erkranken zum Beispiel jährlich an Speiseröhrenkrebs? Wie hoch ist das Risiko, im Laufe des Lebens an Krebs zu erkranken? Welche

Zahlen lassen Einschätzungen über Entwicklungen bezüglich Erkrankungen in einer Population (Grundgesamtheit) zu? Wie kann das Auftreten von Neuerkrankungen dokumentiert und verglichen werden?

Wenn Sie dieses Unterkapitel gelesen haben, können Sie folgende Fragen beantworten:

Welche Relevanz haben Inzidenz und Prävalenz und deren Variationen im Kontext epidemiologischer Studien?
Was ist der Unterschied zwischen Inzidenz und Prävalenz und wie werden diese inhaltlich richtig interpretiert?

Schlüsselbegriffe

Inzidenz, Inzidenzrate, kumulative Inzidenz, Inzidenzdichte, Prävalenz, Punktprävalenz, Periodenprävalenz

Zwei wesentliche Begrifflichkeiten in der Medizinstatistik sind „Inzidenz" und „Prävalenz". Diese sind im Zusammenhang mit epidemiologischen Überlegungen, also Beobachtungen und Untersuchungen von möglichen Risikofaktoren oder Lebensumständen und dem Auftreten von Erkrankungen oder Kombinationen von Krankheitskomponenten von großer Bedeutung. Im Zusammenhang mit Inzidenz und Prävalenz wird auch oft von den sogenannten „Häufigkeitsmaßen" der Epidemiologie gesprochen. Zur Konkretisierung und Einschätzung von eben diesen Häufigkeiten einzelner auftretender Krankheiten und ihrer Verläufe in der Bevölkerung sind diese zwei Termini wesentlich und nicht wegzudenken.

Inzidenz

In der medizinischen Fachliteratur ist mit der Inzidenz oft die Inzidenzrate (Neuerkrankungsrate) gemeint. Darunter versteht man die Anzahl der neu auftretenden Fälle einer Erkrankung in der Bevölkerung pro definierte Zeiteinheit. Meist wird dazu ein Jahr herangezogen.

Unter Inzidenz versteht man die Anzahl der Neuerkrankungen in der Bevölkerung pro definierte Zeiteinheit, welche meist ein Jahr darstellt.

Zu unterscheiden sind die kumulative Inzidenz (CI; Inzidenzanteil) und die Inzidenzdichte I.

Kumulative Inzidenz (CI; Inzidenzanteil): Diese gibt den Anteil jener Personen einer gesunden Bevölkerung (population at risk) an, die in einem bestimmten Zeitraum T neu erkrankt sind, und entspricht somit auch der obigen Definition von Inzidenz.

Um eine Vergleichbarkeit herstellen zu können, wird die kumulative Inzidenz auf eine bestimmte Anzahl von Personen aus einer ebenfalls vorher festgelegten Bezugsbevölkerung bezogen. Üblicherweise werden Angaben pro 1.000 oder pro 100.000 Personen gemacht – also zum Beispiel 3 von 1.000 Personen im Zeitraum von einem Jahr. Als Beispiel dafür soll Abbildung 2.1 dienen: In ihr werden die Neuerkrankungen an malignem Melanom (also schwarzem Hautkrebs) von Männern und Frauen in Deutschland bezogen auf je 100.000 Einwohner in Deutschland über einen Zeitraum von 10 Jahren angegeben. Beginnend mit 13,2 Frauen und 12,2 Männern im Jahr 1999 bis 16,6 Frauen und 17,1 Männer im Jahr 2008 – immer bezogen auf 100.000 Einwohner.

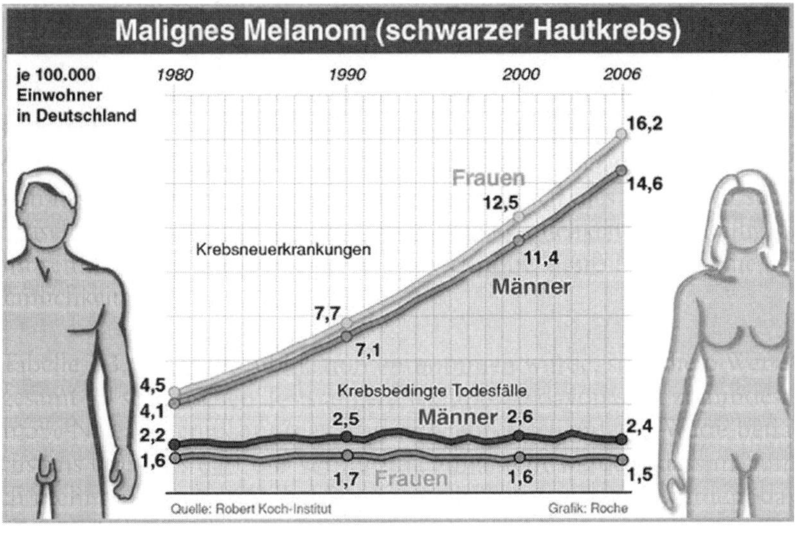

Abb. 2.1: Kumulative Inzidenz bei malignem Melanom

Oft wird, wenn von der Inzidenz gesprochen wird, eigentlich die kumulative Inzidenz angegeben, diese beiden Begrifflichkeiten werden synonym verwendet. Die kumulative Inzidenz berechnet sich wie folgt:

$$\text{CI (kumulative Inzidenz)} = \frac{\textit{Anzahl der Personen, die innerhalb eines Zeitraums T neu erkrankt sind}}{\textit{Anzahl der Personen, die zu Beginn des Zeitraums T gesund sind}}$$

Bei der kumulativen Inzidenz wird darauf geachtet, wie viele Personen einer gesunden Bevölkerung in einem definierten Zeitraum neu erkranken.

Beispiel: Wenn innerhalb von 10 Jahren aus einer Gruppe von 1.000 Kindern 50 an Röteln erkranken, errechnet sich die kumulative Inzidenz als 50/1.000 = 0,05 oder 5 %. Möchte man die Inzidenz pro Jahr ermitteln, müssen in diesem Beispiel die 5 % nochmals durch die 10 Jahre dividiert werden. Die jährliche Inzidenzrate liegt also bei 0,005 %.

Aus einer Studie

Im Jahrbuch meldepflichtiger Krankheiten für 2011 des Robert Koch-Institutes mit Datenstand 1.3.2012 ist zu lesen:

„Dem RKI wurden 2.889 HIV-Infektionen gemeldet, die im Jahr 2011 neu diagnostiziert wurden. Dies entspricht einer bundesweiten Inzidenz von 3,5 Fällen pro 100.000 Einwohner. Die Gesamtzahl der neudiagnostizierten HIV-Infektionen ist damit gegenüber dem Jahr 2010 (2.939) kaum merklich zurückgegangen."

Robert Koch-Institut (2011). Jahrbuch meldepflichtiger Krankheiten für 2011, S. 100.

Hier wird die Inzidenz (Anzahl) der HIV-Infektionen im Jahr 2011 in Deutschland auf 3,5 Fälle pro 100.000 Einwohner angegeben, was bei ca. 80 Millionen Einwohnern (Stand: 31.12.2011) eine ungefähre Anzahl von 2.800 Infektionen ergibt: 3,5 Erkrankungen auf 100.000, also · 10 für eine Million und · 80 für die gesamte Anzahl von Bewohnern der Bundesrepublik Deutschland.

Inzidenzdichte (I; hazard rate): Die Festlegung der Inzidenzdichte erfolgt mit Einbezug von Risikozeiten.

Die in der Definition angegebene Risikozeit wird definiert als der Zeitraum, in dem ein nicht erkranktes Individuum einem Risikofaktor ausgesetzt war (zum Beispiel hat neben der Dosis radioaktiver Strahlenbelastung auch die Zeit, die eine Person der Strahlung ausgesetzt war, Relevanz für das Auftreten von Leukämie). Für die Berechnung der Inzidenzdichte werden die Risikozeiten aller Personen – erkrankter wie nicht erkrankter – addiert und in den Nenner gesetzt. In der Formel wird diese Summe als „Personenzeit" bezeichnet. Die Inzidenzdichte berechnet sich wie folgt:

$$\text{I (Inzidenzdichte)} = \frac{\textit{Anzahl der Fälle der Erkrankung}}{\textit{Personenzeit}}$$

Die Inzidenzdichte bezieht die Expositionszeit eines nicht erkrankten Individuums mit ein.

Aus einer Studie

In der Stadt Stockholm ereigneten sich 1973 unter den 40- bis 44-jährigen Männern (41.532 Personenjahre) 29 Herzinfarkte. Die Inzidenzdichte betrug:

$$I = \frac{29}{41.532} = 0{,}00071/\text{Jahr}$$

Hedderich, J. & Sachs, L. (2012). Angewandte Statistik. Methodensammlung mit R. (14., überarbeitete und ergänzte Auflage). Heidelberg: Springer, Gabler, S. 174.

Das heißt, das Ergebnis ist keine Wahrscheinlichkeit. Es ist keine Verhältniszahl. Es ist lediglich eine Maßzahl, die Neuerkrankungen pro Risikozeiten angibt. Mit ihr wird die Dynamik der Erkrankung in der Bevölkerung abgebildet. Diese Maßzahl macht im Vergleich zu beispielsweise der Inzidenz inhaltlich nur Sinn, wenn man sie in Zeitverläufen betrachtet.

Die Mortalität kann als Sonderfall der Inzidenz angesehen werden. Die Todesfälle bilden dann das Ergebnis und nicht die Anzahl der Erkrankungen. Dementsprechend gibt es auch eine Mortalitätsdichte und eine kumulative Mortalität.

Zusammenfassend

Unter Inzidenz wird die Zahl der Neuerkrankungen in einem definierten Kollektiv oder einer Population innerhalb einer bestimmten Zeit verstanden.

Sie ist also die Wahrscheinlichkeit für eine beliebige Person, in einem gewählten Beobachtungszeitraum zu erkranken. Ausgegangen wird dabei von einer Population, in der zu Beginn des Beobachtungszeitraums keine Erkrankungen der Mitglieder vorliegen (vgl. Weiß 2010, S. 249).

Es wird zwischen kumulierter Inzidenz und Inzidenzdichte unterschieden.

Aus einer Studie

Tabelle 2.1 zeigt die Krebsinzidenz für Brustkrebs (Klassifikation C50 nach ICD 10) der Statistik Austria mit Letztstand 5.10.2012 nach Stadium des Tumors im Jahresdurchschnitt (2008–2010), aufgeteilt nach Männern und Frauen. Die Krebsinzidenzrate ist einer der wichtigsten Indizes zur epidemiologischen Beurteilung von Tumorerkrankungen. Die Inzidenz kennzeichnet die Anzahl der Neuerkrankungen bestimmter Krebsarten innerhalb eines bestimmten Zeitraums und in einer bestimmten Population – in Tabelle 2.1 am Beispiel des Brustkrebses: Von den Tumorstadien, die in Prozentwerten angegeben werden, sind 10,3 % Carcinoma in situ, 44,7 % lokalisiert, 24,4 % regionalisiert, 5 % disseminiert, 13,4 % unbekannt und 2,3 % DCO-Fälle. Mit diesen Angaben können präzise Beschreibungen über die unterschiedlichen Tumorstadien gegeben werden.

Tab. 2.1: Krebsinzidenz für Brustkrebs (Klassifikation C50 nach ICD 10) (Quelle: STATISTIK AUSTRIA, Österreichisches Krebsregister, Stand 24.9.2012; erstellt am 5.10.2012)

Brust (C50) – Krebsinzidenz nach Stadium, Jahresdurchschnitt (2008/2010)			
Tumorstadien in %	Insgesamt[1)]	Männer[1)]	Frauen[1)]
Insgesamt	**100,0**	**100,0**	**100,0**
Carcinoma in situ	10,3	9,4	10,3
Lokalisiert	44,7	34,9	44,8
Regionalisiert	24,4	35,6	24,3
Disseminiert	5,0	4,7	5,0
Unbekannt	13,4	14,1	13,3
DCO-Fälle[2)]	2,3	1,3	2,3

[1)] Maligne In-situ- und invasive Fälle, inkl. DCO-Fälle [2)] DCO = Death Certif. Only

Die Krebsinzidenz erhebt die Häufigkeit des Auftretens von Neuerkrankungen pro Jahr. In ihr werden Krebsformen differenziert nach Alter, Geschlecht sowie weiteren sozioökonomischen und sozialen Merkmalen dargestellt. Verlässliche Angaben zur Inzidenz bilden eine unverzichtbare Grundlage bei der Beschreibung von Ausmaß und Art der Krebsbelastung in einer Bevölkerung und werden bzw. können als Basis für weiterführende epidemiologische Studien einen Beitrag bei der Suche nach den Ursachen der Erkrankung leisten. (Vgl. http://www.krebsregister.saarland.de)

Prävalenz

Neben der Inzidenz bildet die Prävalenz eine weitere wichtige Kennzahl (siehe Abb. 2.2).

Unter **Prävalenz** versteht man „den Anteil von Personen in einer bestimmten Bevölkerung (population), der eine bestimmte Krankheit aufweist“ (Hedderich/Sachs 2012, S. 173).

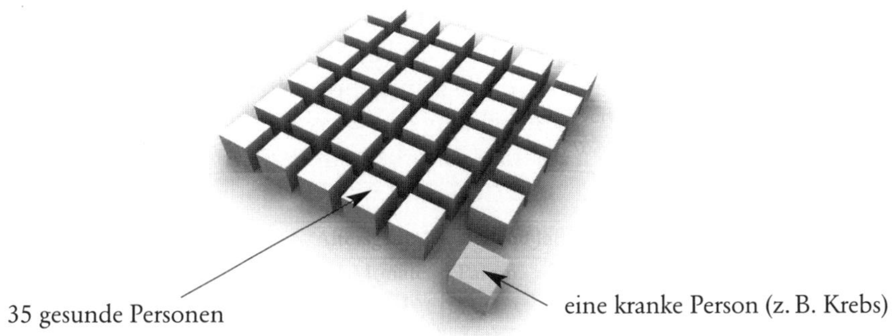

Abb. 2.2: Grafische Darstellung: Prävalenz der Erkrankung 1 : 36

Die Prävalenzrate wird als Bestandsmaß der Erkrankten im Verhältnis zur Bevölkerung zu einem bestimmten Zeitpunkt bestimmt (vgl. Hedderich/Sachs 2012, S. 173).
Sie berechnet sich wie folgt:

$$\text{Prävalenz} = \frac{\textit{Anzahl der erkrankten Personen}}{\textit{Anzahl der Individuen in der Bevölkerung}}$$

Bei langer Dauer einer Erkrankung kann man die Prävalenz aus der Inzidenz mit folgendem Zugang berechnen:

Prävalenz = Inzidenz · durchschnittliche Dauer der Erkrankung

Abgeleitet davon kann sehr gut erklärt werden, warum viele chronische Erkrankungen zwar eine sehr geringe Inzidenz aufweisen, jedoch eine hohe Prävalenz haben. Zur Erinnerung: Die Inzidenz beschreibt das individuelle Erkrankungsrisiko für eine Person. Die Prävalenz jedoch definiert die Auswirkungen einer Erkrankung auf die gesamte Population (vgl. Weiß 2010, S. 249).

Bezieht man den Zeitaspekt mit ein, kommt es zu einer weiteren Präzisierung. Es ergeben sich die **Punktprävalenz** bzw. die **Periodenprävalenz.**

Von einer **Punktprävalenz** wird gesprochen, wenn man den Zeitpunkt mit zum Beispiel „jetzt", „heute", „im Augenblick" oder „zum gegebenen Stichtag" definiert, also die Personen berücksichtigt, die zu einem bestimmten Zeitpunkt (Stichtag) an einer bestimmten Krankheit leiden oder gelitten haben. Im klinischen Kontext stellt die Punktprävalenz eine Abschätzung des Klinikers über die Wahrscheinlichkeit dar, dass das Individuum eine bestimmte Krankheit hat. Dies basiert natürlich auf den vorhandenen diagnostischen Informationen, auf deren Validität und Reliabilität, auf die noch in Folgekapiteln eingegangen wird. (Vgl. Rossboth 2007, S. 41)

Die **Periodenprävalenz** wird durch einen Zeitraum definiert, zum Beispiel „im geschlechtsreifen Alter", „in der Volksschulzeit" oder „im letzten Jahr" bzw. „in der Lebenszeit". Die Jahresprävalenz wird häufig verwendet und ist eben die Anzahl jener Personen, die irgendwann im Laufe eines Jahres an einer bestimmten Krankheit leiden. Unter Lebenszeitprävalenz wird die Anzahl jener Personen verstanden, die irgendwann im Laufe ihres Lebens mindestens einmal an einer bestimmten Krankheit gelitten haben.

Wenn in Österreich von einer Prävalenz (Lebenszeitprävalenz) der Schizophrenie von 0,6–1,0 % gesprochen wird, bedeutet dies, dass 0,6–1 % der Österreicher und Österreicherinnen im Zeitraum ihres Lebens an Schizophrenie erkranken. Die Punktprävalenz könnte als Beispiel 2,5–5,3 % pro 100.000 Personen betragen, was inhaltlich bedeuten würde, dass zu einem festgelegten Zeitpunkt (Stichtag) festgestellt werden kann, dass 2.500–5.300 Personen von 100.000 an Schizophrenie erkrankt sind.

Aus einer Studie

Wancata (2009) zitiert im Österreichischen Schizophreniebericht 2008 eine internationale Studie von Martens et al. aus dem Jahr 2001, in der Untersuchungen zu Prävalenzen in speziellen Einrichtungen bzw. Bevölkerungsgruppen gemacht wurden. Die Prävalenzraten für Schizophrenie unter Wohnungslosen sind enorm hoch (siehe Tab. 2.2). Leider wird nicht angegeben, ob es sich um eine Lebenszeit-, Einjahres- oder eine Punktprävalenz handelt, was die Problematik der Interpretation nun besonders gut deutlich macht und zeigt, wie wichtig die Herstellung des Bezugs ist.
Die meisten Ergebnisse liegen im Bereich von mehr als 10 %. In einzelnen Studien ergeben sich Werte sogar über 20 % bzw. in Irland sogar über 30 %.

Wancata, J. (2009). Epidemiologie. In: H. Rittmannsberger & J. Wancata (Hrsg.). Österreichischer Schizophreniebericht 2008. Bundesministerium für Gesundheit, Wien, 19–26.

Tab. 2.2: Die Prävalenz von Schizophrenie unter Wohnungslosen (Quelle: Martens 2001, zit. nach Wancata 2009, S. 22)

Region/Land	Prävalenz in %
USA	15,0–19,8
Australien	15,0
Dänemark	20,0–43,0
Frankreich	14,9
Irland	33,0
Spanien	18,0–26,1
Deutschland	1,8–12,4

Inzidenz und Prävalenz stehen miteinander in Verbindung. Abbildung 2.3 veranschaulicht diesen Zusammenhang.

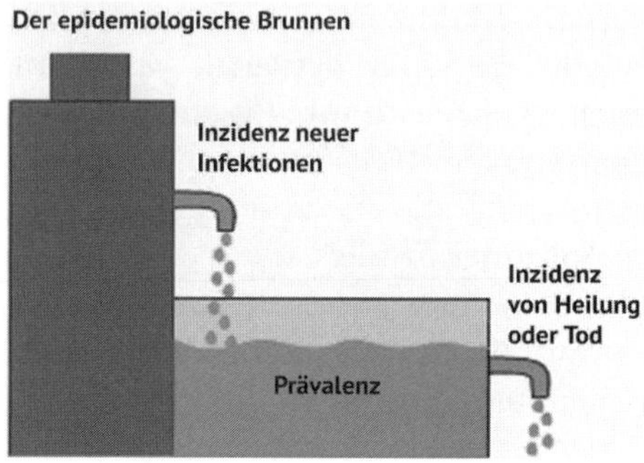

Abb. 2.3: Der epidemiologische Brunnen

Die Inzidenz bezieht alle Neuerkrankungen mit ein, die Prävalenz bezieht sich auf die Gesamtheit der Kranken innerhalb einer Population. Die Neuerkrankungsrate (Inzidenz) füllt den „Pool" der vorhandenen Krankheitsfälle (Prävalenz). Im Pool wird der Aufenthalt durch die Krankheitsdauer bestimmt, die wiederum durch die Heilungsrate bzw. die Sterberate bestimmt wird. Das Geschehen lässt sich sehr vereinfacht in die bereits erwähnte Näherungsformel fassen: Prävalenz ≈ Inzidenz mal Krankheitsdauer.

Die Prävalenz hängt also ab von der Inzidenz neu auftretender Fälle, der Krankheitsdauer und von der Inzidenz der Heilung bzw. Tod. Dies führt zu einer weiteren Begrifflichkeit: der Letalität. Bei der Letalität handelt es sich um die Sterberate der Erkrankten. Es wird quasi die „Tödlichkeit" einer Krankheit berechnet. Sie ist jedoch eine bedingte Wahrscheinlichkeit. Ihre Angabe ist nur sinnvoll für jene Erkrankungen, deren Beginn und Ende innerhalb des definierten Beobachtungszeitraums liegen. Die Letalität wird aus dem Verhältnis der Anzahl der Todesfälle zur Anzahl der Erkrankten berechnet.

$$\text{Letalitätsrate: } L = \frac{\textit{Anzahl der Todesfälle}}{\textit{Anzahl der spezifischen Erkrankungen}}$$

Neben der Letalität muss auch auf die Morbidität hingewiesen werden. Dieser Begriff wird in der Literatur leider unterschiedlich definiert und findet sich oft in synonymer Verwendung mit der Prävalenz oder auch Inzidenz. Eigentlich versteht man darunter die Krankheitshäufigkeit bezogen auf eine bestimmte Bevölkerungsgruppe. Sie wird auch als Überbegriff der Prävalenz und Inzidenz verwendet.

Von der Letalität und Morbidität abzugrenzen ist die Mortalität: Dieser Begriff aus der Demografie bezeichnet wiederum die Sterberate bzw. Sterblichkeit, allerdings bezieht diese die Todesfälle auf die Gesamtzahl der Individuen. Die Mortalität ist die Inzidenz multipliziert mit der Letalität.

Es gibt auch spezifischere Sterberaten, bei denen die Anzahl von Personen in der betreffenden Population in einem bestimmten Zeitraum herangezogen wird. Im Regelfall wir ein Jahr betrachtet und mit 10^n der Größe der Population multipliziert. Auf diese Art kann die Mortalitätsrate als Anzahl pro 1.000, 10.000 oder 100.000 etc. Individuen im Zeitraum eines Jahres beschrieben werden. Sie können auch in ursachen- bzw. altersspezifische Teilbereiche aufgeteilt und standardisiert werden, sodass verschiedene Gruppen miteinander verglichen werden können. (Vgl. Rossboth 2007, S. 40)

2.2 Maßzahlen für das Risiko

Als Risiko wird hauptsächlich die Wahrscheinlichkeit bezeichnet, während eines definierten Zeitraums an einer Krankheit zu erkranken oder zu sterben. Mit Maßzahlen für das Risiko wird versucht, diese Erkrankungswahrscheinlichkeit abzubilden. Dabei wird die Exposition bzw. Nichtexposition gegenüber schädigenden Faktoren, sogenannten Risikofaktoren (siehe Kap. 1, S. 44), mit dem Eintreten bzw. Nichteintreten einer Erkrankung in verschiedenster Weise in Relation gesetzt.

2.2.1 Odds Ratio (OR)

Um welches Problem geht es in diesem Unterkapitel?

Zahlen der Statistik Austria belegen, dass 2010 in Österreich 33.196 Personen mit österreichischem Wohnsitz an den Folgen eines Herzinfarktes verstorben sind. Davon waren 58,7% Frauen (vgl. Statistik Austria, Jahrbuch der Gesundheitsstatistiken 2010). Als Risikofaktoren für einen Herzinfarkt werden Rauchen, Bluthochdruck, hohe Blutfettwerte, Diabetes mellitus, Übergewicht, Bewegungsmangel, Stress etc. angesehen. Der Höchstrisikogruppen angehörend werden Personen definiert, die eine Kombination dieser Risikofaktoren oder eine extreme Ausprägung in einem einzelnen Faktor aufweisen.

Wie verhält es sich nun mit dem Zusammenhang zwischen der zeitlich vorgelagerten Exposition gegenüber einem Risikofaktor (z. B. Rauchen) und dem Auftreten eines Herzinfarktes mit Todesfolge bzw. Nichttodesfolge? Wie stark ist dieser Zusammenhang? In welchem Verhältnis bzw. in welcher Relation stehen diese Variablen zueinander?

Wie unterscheidet sich ein Risiko für das Auftreten einer Krankheit in zwei Gruppen? Wie ist das Verhältnis zwischen Risikofaktor und Auftreten bzw.

Nichtauftreten einer Erkrankung? Diese oder ähnlich gestellte Fragen beschäftigen die Epidemiologie sehr häufig. Genaue Beschreibungen einzelner Faktoren ermöglichen auch, verschiedene therapeutische Zugänge in der Behandlung einzelner Gruppen abzuleiten.

Wenn Sie dieses Unterkapitel gelesen haben, können Sie folgende Fragen beantworten:

Was ist eine Odds Ratio?
Wann ist eine Odds Ratio zu berechnen?
Wie lassen sich die erzielten Ergebnisse richtig interpretieren?

Schlüsselbegriffe

Odds Ratio, Quotenverhältnis, Kreuzproduktverhältnis, Kontingenztafel bzw. Kreuztabelle, Risikoeinschätzung

Die Odds Ratio (Quotenverhältnis) ist eine in medizinischen Studien, speziell im Bereich der Epidemiologie, sehr häufig angegebene statistische Maßzahl. Deren Sinn liegt genau darin, etwas über den Zusammenhang zwischen zwei Merkmalen auszusagen. Wie bereits erwähnt, möchte man meist Informationen über den Zusammenhang mit einer sogenannten Risikovariablen bekommen. Die Grundfrage ist: Tritt ein Ereignis (z. B. eine Erkrankung) ein oder nicht und dies in Abhängigkeit von einer unabhängigen (ursächlichen bzw. erklärenden) Variablen und wie hoch ist die Chance (engl.: odds) dafür? Im klassischen Fall geht es um eine Einschätzung hinsichtlich der Ursachen bzw. Folgen von gesundheitsbezogenen Umständen bzw. Ereignissen. Im typischen Fall werden zum Beispiel Personen mit bzw. ohne mögliche Risikofaktoren (Raucher/Nichtraucher) für eine Erkrankung (Bronchialkarzinom) bezüglich eben des Auftretens dieser Erkrankung miteinander verglichen. Der Zusammenhang zwischen den möglichen Risikofaktoren und den Krankheits- bzw. Todesfällen soll damit quantifiziert werden, wobei Rauchen eine Einflussgröße und Bronchialkarzinom die Zielgröße darstellt. Diese Zugangsweise wird üblicherweise in Fall-Kontroll-Studien verfolgt, in denen eine Gruppe von Erkrankten (Fälle) mit Nichterkrankten (Kontrolle) bezüglich einer zeitlich vorgelagerten Exposition gegenüber einem Risikofaktor verglichen werden, um abzuschätzen, wie hoch die „Chance“ ist, zu erkranken bzw. nicht zu erkranken.

Aus dem Englischen übersetzt bedeutet „odds" Chance, davon abgeleitet ist die Begrifflichkeit Chancenverhältnis (Verhältnis von zwei Odds).
Eine Ratio (Anteil/Verhältnis/Quotient) ist ein Bruch, dessen Nenner im Normalfall nicht die gleichen Testpersonen wie der Zähler enthält. Die Größe des Bruchs beschränkt sich nicht auf den Bereich zwischen 0,0 und 1,0 (vgl. Rossboth 2007, S. 38).

Andere Begrifflichkeiten wie Quotenverhältnis, Odds-Verhältnis und Kreuzproduktverhältnis sind ebenfalls geläufig. Die Odds Ratio ist im Gegensatz zum relativen Risiko (siehe Kap. 2.2.2) eine statistische Maßzahl. Sie ist wie bereits erwähnt der Quotient aus zwei Odds (d. h. zwei Chancen). Wobei an dieser Stelle auf den wesentlichen Unterschied zwischen Chance und Wahrscheinlichkeit eingegangen werden muss.

Die Chance entspricht der Wahrscheinlichkeit für das Eintreten eines Ereignisses dividiert durch die Wahrscheinlichkeit für das Nichteintreten eines Ereignisses.

Die Odds Ratio gibt die Stärke eines Zusammenhanges von zwei Merkmalen an, ist also ein Assoziationsmaß. „Nach Assoziation zwischen zwei Variablen wird gesucht, wenn eine Fragestellung der Art **je/desto** vorliegt." (Hatzinger 2009, S. 163)

Die Odds geben die „Chance" an, mit der ein Ereignis eintritt. Die Chance entspricht dabei der Wahrscheinlichkeit des Eintritts/Wahrscheinlichkeit des Nichteintritts des Ereignisses.
Die Odds Ratio beschreibt das Verhältnis, welches zwei Odds zueinander haben. Es ist ein Assoziationsmaß, das ermöglicht, den Grad eines Zusammenhangs zwischen zwei Alternativmerkmalen zu quantifizieren (vgl. Weiß 2010, S. 50).

Beispiel: Zur **Berechnung der Odds Ratio** müssen Häufigkeiten vorliegen. Als Basis dient eine Vierfeldertafel (Kreuztabelle), in der die beiden Variablen in dichotomer (zweigliedriger) Ausprägung (ja/nein bzw. trifft zu/trifft nicht zu) eingetragen werden. In Kreuztabellen werden zwar genaue Angaben darüber gemacht, wie häufig jede Ausprägung vorliegt, allerdings kann keine Aussage über den Grad des Zusammenhangs gemacht werden. Dazu dient die Odds Ratio als Assoziationsmaß.

Bleiben wir bei dem Beispiel „Zusammenhang zwischen Rauchen und Bronchialkarzinom" (Held/Rufibach/Seifert 2009), Bezug nehmend auf den oben bereits erwähnten typischen Fall des Vergleiches von Personen mit bzw. ohne potenzielle Risikofaktoren für eine Erkrankung hinsichtlich der Auftrittswahrscheinlichkeit für eben diese Krankheit. Tabelle 2.3 dient als Basis für weitere Überlegungen und Berechnungen und stellt Häufigkeiten pro Ausprägung der beiden dichotomen Variablen (Bronchialkarzinom/kein Bronchialkarzinom und Raucher/Nichtraucher) dar.

Tab. 2.3: Vierfeldertafel über den Zusammenhang zwischen Rauchen und Bronchialkarzinom (Quelle: Held et al. 2009)

Kreuztabelle: Zusammenhang zwischen Rauchen und Bronchialkarzinom

	Bronchialkarzinom	kein Bronchialkarzinom	Gesamt
Raucher	1 350 (a)	1 296 (b)	2 646
Nichtraucher	7 (c)	61 (d)	68
Gesamt	1 357	1 357	2 714

Um wie viel größer ist nun die Chance für eine Person, die der Gruppe mit dem Risikofaktor (Raucher) angehört, zu erkranken, im Vergleich zu einer Person, die nicht der Risikogruppe (Nichtraucher) angehört? Diese Aussage kann durch die Darstellung in der Vierfeldertafel sehr einfach abgeleitet werden, da die Odds Ratio direkt berechnet werden kann. Durch die Angabe der Häufigkeiten können die Chancenverhältnisse (Chance, zu erkranken unter Exposition, und Chance, zu erkranken unter Nichtexposition) leicht berechnet werden. Es gibt jedoch mehrere Zugangsweisen der Berechnung, die in Folge einzeln dargestellt werden sollen.

- **Berechnung von Variante 1:**

Berechnen wir als Basis die „Chancen" „Bronchialkarzinom und kein Bronchialkarzinom bei Rauchern bzw. Nichtrauchern".

$$\text{Odds: Bronchialkarzinom: } \frac{Raucher}{Nichtraucher} = \frac{a}{c} = \frac{1.350}{7} = 192{,}8571429$$

$$\text{Odds: kein Bronchialkarzinom: } \frac{Raucher}{Nichtraucher} = \frac{b}{d} = \frac{1.296}{61} = 21{,}24590164$$

Dann dividieren wir $\frac{\frac{a}{c}}{\frac{b}{d}} = \frac{192{,}8571429}{21{,}24590164} = 9{,}077380954 \sim \mathbf{9{,}08}$

Inhaltlich bedeutet das: Raucher haben im Gegensatz zu Nichtrauchern eine neunmal höhere „Chance“ (Risiko), an einem Bronchialkarzinom zu erkranken. Es wird ein Verhältnis 1 : 9 wiedergegeben.

- **Berechnung von Variante 2:**

Um den weiteren Ableitungen bzw. der Berechnung von Variante 2 folgen zu können, benötigen wir die Kenntnis über den Zusammenhang zwischen der Odds und der Wahrscheinlichkeit p (für das lateinische Wort probabilitas: Wahrscheinlichkeit):

Der mathematische Zusammenhang der Odds mit der Wahrscheinlichkeit lautet folgendermaßen: Odds (p) = p/1–p.

Wäre nun p = 0,50, was inhaltlich bedeutet, dass das Ergebnis mit einer Wahrscheinlichkeit von 50 % eintritt, würde in die Formel eingesetzt Odds (p) = 0,50/1 – 0,50 = 1, also eine Chance von 1 : 1 ergeben. Damit haben wir den Begriff der Chance definiert, der für die weitere Ableitung der Chancenverhältnisse relevant ist.

Folgende Formel dient dazu:

$$\text{Odds Ratio} = \frac{Odds\,(p_1)}{Odds\,(p_0)} = \frac{\frac{p_1}{1-p_1}}{\frac{p_0}{1-p_0}}$$

p_1 = *Wahrscheinlichkeit, zu erkranken, wenn man raucht* – 1.350/2.646 = 0,51020408

p_0 = *Wahrscheinlichkeit, zu erkranken, wenn man nicht raucht* – 7/68 = 0,102941176

$$\text{OR} = \frac{Odds\,(\textit{Wahrscheinlichkeit, zu erkranken, wenn man raucht})}{Odds\,(\textit{Wahrscheinlichkeit, zu erkranken, wenn man nicht raucht})} =$$

$$\frac{\frac{0{,}51020408}{1-0{,}51020408}}{\frac{0{,}102941176}{1-0{,}102941176}} = \frac{1{,}0416666}{0{,}1147840978} = 9{,}0773 \sim 9{,}08$$

Inhaltlich bedeutet das natürlich dasselbe wie bei Variante 1.

- **Berechnung von Variante 3:**

Eine weitere Variante zur Berechnung, die sich nur unwesentlich von Variante 1 unterscheidet, wenn sie weitergeführt wird, ist die Bildung des Kreuzprodukts, davon abgeleitet auch der Name „Kreuzproduktverhältnis“:

$$\text{OR} = \frac{a \cdot d}{b \cdot c} = \frac{1.350 \cdot 61}{7 \cdot 1.296} = \frac{82.350}{9.072} = 9{,}08$$

Es ergibt sich also für unser Beispiel – unabhängig von den Methoden der Berechnung – eine geschätzte Odds Ratio von 9,08. Das bedeutet, dass Personen, die rauchen, im Vergleich zu jenen, die nicht rauchen, eine neunmal höhere Chance (Risiko) haben, an einem Bronchialkarzinom zu erkranken.

Fassen wir die Eigenschaften der Odds Ratio (OR) zusammen:

- Das Quotenverhältnis nimmt Werte zwischen 0 und $+\infty$ an.
- Ein Wert von 1 bedeutet ein gleiches Quotenverhältnis, also 1 : 1.
- > 1 bedeutet, dass die Odds der ersten Gruppe höher sind und
- < 1 bedeutet, dass die Odds der ersten Gruppe niedriger sind.
- Bei Werten über 1 wird von Risikofaktoren gesprochen, unter 1 kann von protektiven, also schützenden Faktoren ausgegangen werden.
- Die Odds Ratio kann alle positiven Zahlen annehmen.
- Eine Odds Ratio mit einem Wert von beispielsweise 9 deutet auf einen stärkeren Zusammenhang hin als eine Odds Ratio von 2.
- Wenn die Zeilen und Spalten vertauscht werden, ändert sich die Odds Ratio nicht.

Aus einer Studie

Eine Gruppe von Wissenschaftlern des CEP-INSERM, eines französischen staatlichen Gesundheitsinstituts, führte eine Studie zur Erkrankung „Brustkrebs bei Männern“ durch. Die Ätiologie dieser im Zuwachs begriffenen Erkrankung ist weitgehend noch unbekannt und unerforscht. Die Wissenschaftler verfolgten die Zielsetzungen, Berufe mit höherem Risiko zu identifizieren bzw. in diesen zusätzlich auf berufliche Chemikalienexposition zu achten und damit auslösende Mammakarzinogene in der Umwelt zu ermitteln. Diese Fall-Kontroll-Studie wurde unter Beteiligung von acht europäischen Ländern durchgeführt. 104 Männer mit Brustkrebs wurden mit

1.901 Kontrollpersonen abgeglichen. Jeder einzelne Mann wurde in einem Anamnesegespräch durch einen Experten/eine Expertin hinsichtlich seiner beruflichen Biografie und der Exposition gegenüber endokrinwirkenden Substanzen bewertet.
Die Studie ergab u. a., dass bei sechs Berufsgruppen ein erhöhtes Risiko für die Erkrankung an Brustkrebs vorliegt.

"Odds ratios for male breast cancer were increased in wood preparation workers and paper makers (OR = 2.4, CI 0.9–6.5), motor vehicle mechanics (OR = 2.1, CI 1.0–4.4), and painters (OR = 2.3, CI 1.0–5.2). The odds ratio increased markedly for workers employed for 10 or more years as motor vehicle mechanics (OR = 5.9, CI 2.4–14.6) (not shown). Conversely, a non-significantly decreased odds ratio was observed for farmers and agricultural workers."

Villeneuve, S., Cyr, D., Lynge, E. et al. (2010). Occupation and occupational exposure to endocrine disrupting chemicals in male breast cancer: a case-control study in Europe. Occupational & environmental medicine, 67, 837–844.

Die Inzidenz (Anzahl der Neuerkrankungen) für Brustkrebs bei Männern trat besonders verstärkt bei Kfz-Mechanikern hervor (OR 2,1, 95 % CI 1,0 bis 4,4) und ging mit einer Dosis-Wirkungs-Beziehung über die Dauer der Beschäftigung einher – nach zehn Jahren OR = 5,9. Ein verstärktes Auftreten ließ sich aber auch bei Arbeitnehmern feststellen, die einen der nachfolgenden Berufe ausübten: Papierhersteller (OR = 2,4), Maler (OR = 2,3).
Damit wurden Einschätzungen der Risiken getroffen. Es wird hier durch die erzielten Ergebnisse sehr gut ersichtlich, dass die Chance (Risiko), an Brustkrebs zu erkranken, zum Beispiel bei Kfz-Mechanikern doppelt so hoch (1 : 2) ist wie bei Männern, die nicht dieser Berufsgruppe angehören. Die Chance (das Risiko) unter Exposition von endokrinwirkenden Substanzen erhöht sich mit zunehmender Beschäftigungsdauer und liegt nach zehn Jahren sechsmal höher als bei Männern, die nicht dieser Exposition ausgesetzt waren.

Ein Übungsbeispiel mit fiktiven Daten

Nehmen wir an, dass der nun schon mehrmals erwähnte Zusammenhang von Herzinfarkten und Rauchen untersucht werden soll. Dazu wurde eine Fall-Kontroll-Studie als Design gewählt und es wurden 14.000 Personen herangezogen.
Im ersten Schritt wurden die Personen befragt, ob sie rauchen oder nicht rauchen (ja/nein) und ob sie schon einen Herzinfarkt erlitten haben (ja/nein). Im nächsten Schritt wird folgende Kreuztabelle mit den beiden dichotomen Variablen erstellt. Anzahl der Personen n = 14.000

Tab. 2.4: Vierfeldertafel über den Zusammenhang zwischen Rauchen und Herzinfarkt

	Personen, die rauchen	**Personen, die nicht rauchen**	**Gesamt**
Personen mit Herzinfarkt	330	150	480
Personen ohne Herzinfarkt	2 870	10 650	13 520
Gesamt	3 200	10 800	14 000

Von 3.200 Personen, die rauchen, haben also 330 Personen einen Herzinfarkt erlitten, und von 10.800, die nicht rauchen, 150 Personen.

Wie verhält sich nun die Chance (bzw. das Chancenverhältnis) für das Erleiden eines Herzinfarktes im Vergleich Raucher und Nichtraucher? Wie stark ist der Zusammenhang zwischen den beiden Variablen Rauchen und Herzinfarkt? Welches Risiko für das Erleiden eines Herzinfarktes ergibt sich für Raucher?

Als Berechnungsvariante wird die Bildung des Kreuzproduktes gewählt.

$$\text{Odds Ratio: } OR = \frac{a \cdot d}{b \cdot c} = \frac{330 \cdot 10.650}{150 \cdot 2.870} = \frac{3.514.500}{430.000} = 8{,}16$$

Damit kann als Ergebnis ausgesagt werden, dass die Chance (Risiko), einen Herzinfarkt zu erleiden, in der Gruppe der Raucher im Vergleich zu Nichtrauchern achtmal so hoch ist, also 1 : 8.

2.2.2 Relatives Risiko (RR; relative risk)

Um welches Problem geht es in diesem Unterkapitel?

Bei der frühzeitigen Diagnose einer HIV-Infektion kann eine vorübergehende antiretrovirale Therapie sinnvoll sein. Dieser Therapieerfolg konnte durch eine randomisierte klinische Studie nachgewiesen werden und wurde im New England Journal of Medicine (Le et al. 2013, 207–217) publiziert. Es wurde bei der Behandlung die Beobachtung gemacht, dass es durch die Therapie zu einer beschleunigten Erholung der Immunparameter kam.

Um den Wirkungsunterschied – also das Maß für die Stärke des Zusammenhangs zwischen Therapie und Zielereignis – zu finden, berechnet man das relative Risiko.

In der Medizin werden häufig Interventionsstudien durchgeführt, die den Nachweis der Wirksamkeit einer (meist neuen) Interventionsmaßnahme bzw. eines neuen Medikaments erbringen sollen. Ist ein neues Medikament oder eine neue Operationstechnik erfolgversprechend? Entsteht beim Einsatz dieser neuen Technik oder dieses neuen Medikaments ein Nutzen für die betroffenen Personen, oder kommen diese möglicherweise auch zu Schaden? Wie kann der Effekt der Therapie (der Wirkung) erfasst werden?

Wenn Sie dieses Unterkapitel gelesen haben, können Sie folgende Fragen beantworten:

Was versteht man unter einem relativen Risiko?
Wann ist ein relatives Risiko zu berechnen?
Wie lassen sich nach einer Berechnung die erzielten Ergebnisse richtig interpretieren?

Schlüsselbegriffe

Risiko, relatives Risiko, relative risk, risk ratio, Risikodifferenz, absolute Risikoreduktion, relative Risikoreduktion, Number needed to treat

Ausgehend vom Nutzen bzw. Nachweis einer Intervention bzw. eines Medikaments kann entweder ein Vergleich mit einer gegenwärtig eingesetzten Standardmethode oder mit der Anwendung eines Placebos erfolgen. Die teilnehmenden Personen werden den Gruppen zufällig (randomisiert, siehe Kap. 1.1) zugeteilt. Ziel ist die Schätzung des Effekts durch die Intervention in den beiden Gruppen – bei dieser Schätzung des Effekts spricht man auch von „Risiko“.

Bei der Ermittlung des relativen Risikos betrachtet man jeweils den Anteil der Gruppe der exponierten Personen an der Gesamtzahl der Patienten in den beiden entsprechenden Therapiegruppen, das heißt, die Wahrscheinlichkeiten werden betrachtet.

„Das Risiko (griech. Klippe, Gefahr) kennzeichnet in der Regel den erwarteten **Ausgang eines unerwünschten Ergebnisses**. Aus mathematischer Sicht ist das Risiko ein Produkt aus der Wahrscheinlichkeit mit den Konsequenzen (Kosten) aus den möglichen Ausgängen eines Ereignisses und somit nicht dimensionslos." (Hedderich/Sachs 2012, S. 140) Der Unterschied zur Odds Ratio ist, dass sich das relative Risiko nicht auf Quoten, sondern auf Wahrscheinlichkeiten bezieht!

Zur Wiederholung: Die Odds Ratio ist ein Quotient zweier Odds, z. B. Chance für das Auftreten des Zielereignisses unter Therapie 1 dividiert durch die Chance für das Auftreten des Zielereignisses unter Therapie 2. Das relative Risiko einer Therapie 1 zu einer Therapie 2 ist der Quotient der Wahrscheinlichkeit für das Eintreten des Zielereignisses unter den beiden Therapien. Mit dem relativen Risiko (relative risk) kann ausgedrückt werden, um welchen Faktor sich ein Risiko zum Beispiel für eine Erkrankung in zwei Gruppen unterscheiden lässt. Es ist eine Begrifflichkeit der deskriptiven Statistik.

„Das Relative Risiko (RR) wird berechnet, indem das Risiko in der gegenüber dem Risikofaktor exponierten Gruppe durch das Risiko in der nicht exponierten Gruppe dividiert wird." (Rossboth 2007, S. 45)

$$\text{Relatives Risiko} = \frac{\textit{Anteil in der exponierten Gruppe}}{\textit{Anteil in der Kontrollgruppe}}$$

Es gibt an, wie hoch die Wahrscheinlichkeit ist, dass ein Merkmal (von zwei Alternativmerkmalen) für eine Gruppe (von zwei Gruppen) vorliegt.

Diese Wahrscheinlichkeiten werden in diesem Kontext üblicherweise als Risiken bezeichnet. Davon ausgehend spricht man daher zum Beispiel vom Risiko für einen Therapieerfolg unter der experimentellen bzw. Standard- oder

Placebobehandlung. Um einen Vergleich anstellen zu können, werden gebräuchliche Maßzahlen zum Vergleich der beiden Gruppen aus den Wahrscheinlichkeiten abgeleitet, nämlich ein Quotient. Dieser Quotient gibt wiederum die Möglichkeit, etwas über die Stärke der Assoziation zwischen der Exposition und der Krankheit auszusagen, und ist daher gut zur Klärung von Krankheitsursachen geeignet.

So wird zum Beispiel Hepatitis B mit dem Risiko für Leberzellkarzinom assoziiert. Nach neun Jahren der Infektion mit Hepatitis B liegt das relative Risiko für Leberzellkarzinom bei 98,4, das heißt, Patienten mit Hepatitis B erkranken 98-mal häufiger an Leberzellkarzinom als Patienten, die keine Hepatitis haben (vgl. Rossboth 2007, S. 46). Hier liegt ein negativer Effekt vor. Für positive Ereignisse ist der Begriff des Risikos eher unpassend und eigentlich nicht zutreffend, dennoch hat sich die Begrifflichkeit in der medizinischen Literatur durchgesetzt. Vorzuziehen wäre der Begriff Wahrscheinlichkeit.

Die Basis für die Herleitung bzw. die **Berechnung des relativen Risikos** stellt wiederum eine Vierfeldertafel dar (siehe Tab. 2.5). In epidemiologischen (medizinischen) Studien bzw. Statistiken sind folgende Angaben sehr häufig und sollen als Grundschema für die Erklärung des relativen Risikos dienen:
Gefüllt wird diese Tabelle mit den Häufigkeiten der Personen, die

- krank mit Risikofaktor (a),
- nicht krank mit Risikofaktor (b),
- krank ohne Risikofaktor (c) und
- nicht krank ohne Risikofaktor (d) sind.

Tab. 2.5: Grundschema einer Vierfeldertafel für epidemiologische Studien

	Anzahl der erkrankten Personen	**Anzahl der nicht erkrankten Personen**	**Gesamt**
Anzahl der Personen mit Risikofaktor	a	b	a + b
Anzahl der Personen ohne Risikofaktor	c	d	c + d
Gesamt	a + c	b + d	

Im ersten Schritt wird „Krankheit mit Risikofaktor", also $\frac{a}{a+b}$ berechnet.

Im zweiten Schritt „Krankheit ohne Risikofaktor", also $\frac{c}{c+d}$.

Daraus wird der Quotient gebildet – zur Berechnung des relativen Risikos (RR) dient folgende Formel:

$$RR = \frac{\frac{a}{a+b}}{\frac{c}{c+d}}$$

$$RR = \frac{\textit{Erkrankung/Personen mit Risikofaktor}}{\textit{Erkrankung/Personen ohne Risikofaktor}}$$

Ein Beispiel:
Es wurde eine Metaanalyse (Edwards et al. 2004) zur Wirksamkeit von selektiven Zyklooxygenase-2-Hemmern im Vergleich zu Placebo bei akuten postoperativen Zahnschmerzen durchgeführt. Im Rahmen dieser Studie wurde auch für den nichtselektiven Zyklooxygenase-2-Hemmer Diclofenac (50 mg) eine Einzelstudie durchgeführt, aus der Daten vorliegen, die in Tabelle 2.6 dargestellt sind. In dieser finden sich die Angaben von Personen, die zur Reduktion der postoperativen Zahnschmerzen um mindestens 50 % innerhalb von sechs Stunden einerseits Diclofenac 50 mg oder ein Placebo verabreicht bekommen haben.

Mit dieser Studie sollte ein Therapieerfolg als Zielgröße untersucht werden.

Tab. 2.6: Wirksamkeit von Diclofenac im Vergleich zu Placebo bei akuten postoperativen Zahnschmerzen

	Reduktion der Zahnschmerzen um mind. 50 % (sechs Stunden)		
	ja	**nein**	**Σ**
Diclofenac 50 mg	a 32	b 89	121
Placebo	c 8	d 55	63
Σ	40	144	184

Für die Verabreichung von 50 mg des Medikaments Diclofenac ergibt sich bezüglich der Reduktion der Zahnschmerzen um mindestens 50 % innerhalb der ersten sechs Stunden nach der Einnahme:

- Wahrscheinlichkeit „Reduktion der Zahnschmerzen mit Diclofenac“: 32/121 = 0,26 = 26 %
- Wahrscheinlichkeit „Reduktion der Zahnschmerzen mit Placebo“: 8/63 = 0,127 = 12,7 %

$$RR = \frac{0,26}{0,127} = 2,08$$

Das „Risiko“ (bzw. die Erfolgswahrscheinlichkeit) für einen Therapieerfolg ist in der Diclofenac-Gruppe zweimal so hoch wie in der Placebogruppe, allein die Beobachtung der Prozentwerte verdeutlicht das. Das „Erfolgsrisiko“ bei Exponierten ist zweimal so groß wie bei Nichtexponierten.

Relatives Risiko: Maßzahl zur Darstellung des Wirkungsunterschiedes. Es ist ein Maß für die Stärke des Zusammenhangs zwischen der Therapie und dem Zielereignis.

Fassen wir die Eigenschaften des relativen Risikos zusammen:

- Das relative Risiko nimmt Werte zwischen 0 und + ∞ an.
- Ein Wert von 1 bedeutet, dass das Risiko in beiden Gruppen gleich ist. Es besteht dementsprechend kein Anhaltspunkt für einen Zusammenhang zwischen der untersuchten Erkrankung und dem Risikofaktor.
- > 1: Liegt das relative Risiko über 1, ist das ein Hinweis auf einen möglichen positiven Zusammenhang zwischen einem Risikofaktor wie beispielsweise Rauchen und einer Erkrankung.
- < 1: Liegt das relative Risiko unter 1, hat die Exposition eine protektive (schützende) Wirkung, wie dies beispielsweise bei Impfungen der Fall ist.

Aus einer Studie

In einem anerkannten amerikanischen Journal für Geburtshilfe und Gynäkologie (BJOG: An International Journal of Obstetrics and Gynaecology) wurde im Mai 2013 in einer klinischen Studie der Zusammenhang zwischen der „Schwangerschaftsabsicht und dem Auftreten einer Depression nach der Geburt" untersucht. Der Hauptfokus der Forschungsarbeit lag in der Beurteilung der Beziehung zwischen ungewollter Schwangerschaft und dem Auftreten einer Depression nach der Geburt. Dazu wurden alle schwangeren Frauen, die zur Mutterschaftsvorsorge in die Universitätsklinik in North Carolina kamen, in der 15. bis 19. Schwangerschaftswoche nach der Schwangerschaftsabsicht befragt. Die Frauen konnten sich drei Kategorien zuordnen: beabsichtigt/geplant, unpassender Zeitpunkt und ungewollt. Die befragten Frauen wurden drei bzw. zwölf Monate nach Geburt hinsichtlich depressiver Reaktionen (Depressionen) untersucht. Diese Manifestation wurde mit der Edinburgh Postpartum Depression Scale diagnostiziert (Score > 13 definiert). Folgende Ergebnisse wurden in dieser Studie erzielt:

"Data were analysed for 688 women at 3 months and 550 women at 12 months. Depression was more likely in women with unintended pregnancies at both 3 months (risk ratio [RR] 2.1, 95 % confidence interval [95 % CI] 1.2–3.6) and 12 months (RR 3.6, 95 % CI 1.8–7.1)."

Mercier, R. J., Garrett, J., Thorp, J. & Siega-Riz, A. (2013): Pregnancy intention and postpartum depression: Secondary data analysis from a prospective cohort. BJOG: An International Journal of Obstetrics and Gynaecology (forthcoming), doi: 10.1111/1471-0528.12255.

Die Ergebnisse der Studie belegen somit, dass neben vielen anderen Faktoren auch die Schwangerschaftsintention wesentlich für die Manifestation einer nachgeburtlichen Depression verantwortlich ist. Das Risiko, an dieser zu erkranken, ist bei Frauen, deren Schwangerschaft ungewollt entstanden ist, nach drei Monaten doppelt so hoch und nach zwölf Monaten sogar 3,6-mal höher als bei jenen Frauen, die eine erwünschte Schwangerschaft hatten.

Ein Übungsbeispiel mit fiktiven Daten – APSAC-Studie (1985–1987)

Es wurde eine randomisierte, multizentrische Therapiestudie zum Vergleich eines neuen Thrombolytikums mit der Standardbehandlung mit Heparin bei Patienten mit akutem Herzinfarkt untersucht. Die in der Studie erzielten Ergebnisse sind in Tabelle 2.7 dargestellt (vgl. Schumacher et al. 2002).

Tab 2.7: Vierfeldertafel Vergleich der Behandlung bei akutem Herzinfarkt und Mortalität

Dem in Tabelle 2.7 dargestellten Schema folgend entspricht:

	gestorben	**nicht gestorben**	**Σ**
APSAC	9	153	162
Heparin	19	132	151
Σ	28	285	313

- Wahrscheinlichkeit „Mortalität APSAC“: 9/162 = 5,6 %
- Wahrscheinlichkeit „Mortalität Heparin“: 19/151 = 12,6 %

Das relative Risiko einer Behandlung 1 zu einer Behandlung 2 wird mittels Quotient der Wahrscheinlichkeiten für das Eintreten des Zielereignisses unter den beiden Therapien berechnet.

$$RR = \frac{0{,}056}{0{,}126} = 0{,}44$$

Das relative Risiko ist das Verhältnis des Risikos in der behandelten Gruppe zum Risiko in der Kontrollgruppe.

Die Behandlung 1 mit APSAC ist der Standardtherapie mit Heparin vorzuziehen, da der Nutzen ersichtlich ist. Allein die Betrachtung der Prozentsätze macht schon deutlich, dass das Mortalitätsrisiko in der Gruppe der APSAC-Anwendung niedriger ist. Durch das Medikament konnte im Vergleich zur Standardmedikation das Risiko eines Misserfolges auf fast die Hälfte reduziert werden.

Tabelle 2.8 nach Hedderich und Sachs (2012, S. 604) ermöglicht die Interpretation der erzielten Werte. Nehmen wir beispielsweise den erzielten Wert von 0,44, so zeigt sich, dass dieser einen Nutzen hat.

Tab. 2.8: Relatives Risiko und Exposition (Quelle: Hedderich/Sachs 2012)

relatives Risiko	Exposition
≤ 0,3	starker Nutzen
0,4–0,8	Nutzen
0,9–1,1	kein Effekt
1,2–2,5	Schaden
≥ 2,6	starker Schaden

Liegt das RR im Wertebereich zwischen 1,2 und 2,5, ist allenfalls von einem schwachen Zusammenhang zwischen dem Faktor und der Krankheit zu sprechen (vgl. ebd.). Um einen kausalen Zusammenhang zwischen Risikofaktor und Krankheit als wahrscheinlich anzusehen, müssen verschiedene Kriterien erfüllt sein. Hedderich und Sachs nennen fünf als Mindeststandard:

- Die Wiederholbarkeit des Zusammenhangs, des Effekts, in unterschiedlichen Studien
- Die deutliche Nachweisbarkeit des Effekts, zum Beispiel in der Art einer Dosis-Wirkungs-Beziehung
- Die Spezifität bezüglich der Ursache und Wirkung
- Die Ursache muss verbindlich der Wirkung vorausgehen.
- Die biologische Plausibilität und möglichst experimentelle Nachvollziehbarkeit des Effekts ist Voraussetzung. (Vgl. ebd.)

Zusammenfassend seien die Interpretation von relativem Risiko und Odds Ratio und einige Eigenschaften dieser Kennzahlen, die eng miteinander in Verbindung stehen, aufgelistet:

- RR bzw. OR = 1: Risk (Therapy) = Risk (Control)
- RR bzw. OR < 1: Risk (Therapy) < Risk (Control)
- RR bzw. OR > 1: Risk (Therapy) > Risk (Control)

- RR wird bei PROSPEKTIVEN Studien berechnet.
- OR wird als Schätzer des RR bei retrospektiven Studien verwendet.
- OR und RR sind ähnlich, wenn die Inzidenzraten niedrig sind.
- OR und RR werden unterschiedlich, wenn die Inzidenzraten hoch sind.
- OR und RR sind nur sinnvoll, wenn:
  - beide Personengruppen **repräsentativ** für die Grundgesamtheit sind,
  - beide Personengruppen auch sonst tatsächlich **vergleichbar** sind.

2.2.3 Absolute und relative Risikoreduktion (ARR, RRR)

Um welches Problem geht es in diesem Unterkapitel?

Bei Studien zum Wirksamkeitsnachweis einer Behandlung wurden zwei Gruppen untersucht. Die eine Gruppe mit n = 1.000 Personen wurde mit einem Medikament behandelt. In der Vergleichsgruppe, die mit einem Placebo behandelt wurde, befanden sich ebenfalls n = 1.000 Personen.

In der ersten Gruppe starben innerhalb von 5 Jahren 200 Personen. In der Vergleichsgruppe unter der Placebobehandlung verstarben im selben Zeitraum 300 Personen. Wenn man nun die Zahlen der Verstorbenen vergleicht, so ergeben sich in der Gruppe der behandelten Personen 100 Todesfälle weniger als in der Gruppe mit Placebobehandlung, also ca. 30 % weniger verstorbene Personen. Aber bezieht man diese Zahl 100 auf die gesamte behandelte Gruppe, so ergeben sich anstelle der 30 % eigentlich nur 10 %. Welcher Prozentanteil soll nun herangezogen werden? Welcher ist richtig, um etwas über die Behandlung mit dem Medikament im Vergleich zu Placebo auszusagen?

Wenn Sie dieses Unterkapitel gelesen haben, können Sie folgende Fragen beantworten:

Was versteht man unter absoluter und relativer Risikoreduktion?
Wann berechnet man zur Beantwortung relevanter Fragestellungen absolute und relative Risikoreduktion?
Wie lassen sich die erzielten Ergebnisse richtig interpretieren?

Schlüsselbegriffe

Risiko, absolute Risikoreduktion, relative Risikoreduktion

Bezugnehmend auf das oben angeführte Beispiel und vor allem auch um eine Antwort auf die gestellten Fragen zu geben, kehren wir zu den 10 % bzw. 30 % zurück. Welche Prozentangabe ist nun richtig bzw. relevant? Abbildung 2.4 veranschaulicht die Verteilung nochmals.

Die Antwort: Beide Darstellungen sind richtig, werden allerdings unterschiedlich benannt: Sie werden zum einen als relative Risikoreduktion und zum anderen als absolute Risikoreduktion bezeichnet. Der Effekt der Intervention in dieser klinischen Studie wird hinsichtlich des Auftretens eines Ereignisses mit speziellen Maßzahlen, die auf Risikodifferenzen aufbauen, bewertet. In dem angeführten Beispiel ergibt sich unter der Bedingung der Behandlung eine relative Risikoreduktion (RRR) von 30 % und eine absolute Risikoreduktion (ARR) von 10 %. Es liegt wohl auf der Hand, dass für die Einschätzung des Nutzens einer individuellen Behandlung die absolute Risikoreduktion von Bedeutung ist.

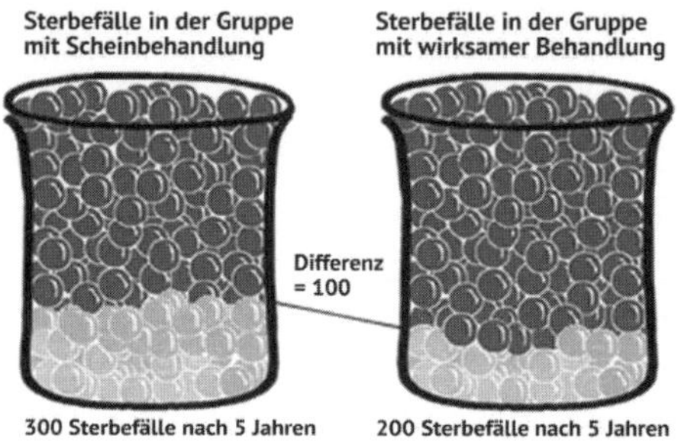

Abb. 2.4: Vergleich von relativer und absoluter Risikoreduktion

Absolute Risikoreduktion (ARR, zuschreibbares oder attributables Risiko)

Die **absolute Risikoreduktion** gibt an, in welchem Maß die Erkrankungswahrscheinlichkeit durch den Risikofaktor erhöht wird (vgl. Weiß 2010, S. 277).

Die absolute Risikoreduktion kann bei der Beurteilung helfen, wie stark ein bestimmter Faktor zu einer bestimmten Krankheit beiträgt. Es wird also versucht, eine Kausalität herzustellen. Sie ist die Differenz zwischen dem Krankheitsrisiko der Exponierten minus dem Krankheitsrisiko der Nichtexponierten.

In Abbildung 2.5 sind die hypothetischen Todesfälle (in Prozent) einer Erkrankung unter der Behandlung mit Placebo bzw. einer für die Krankheit geeigneten Therapie in einer Gruppe von Hochrisikopatienten dargestellt.
Das Risiko, zu sterben, kann mit der geeigneten Therapie um 10 % gesenkt werden. Wenn von 100 Personen über einen festzulegenden Zeitraum das Verum anstatt eines Placebos eingenommen wird, treten 10 Todesfälle weniger auf. Das Risiko, an der Erkrankung zu sterben, ist also in der Placebogruppe um 10 % höher.

Zum Vergleich folgt die Berechnung der absoluten Risikoreduktion in einer Gruppe von Personen mit niedrigem Erkrankungsrisiko (siehe auch Abb. 2.6): 10 % – 7,5 % = 2,5 %. Achten Sie darauf, dass bei den Hochrisikopatien-

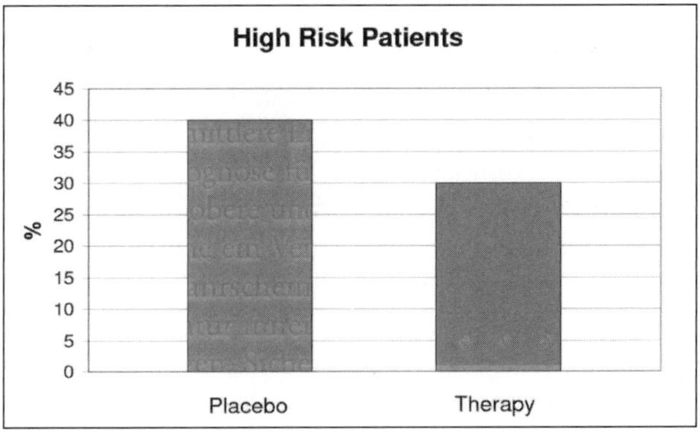

AAR (absolute Risikoreduktion): 40 % – 30 % = 10 %
(entspricht: absolutes Risiko Placebo – absolutes Risiko Verum)

Abb. 2.5: Todesfälle (in Prozent) bei einer Erkrankung in der Gruppe von Hochrisikopatienten

ten (Abb. 2.5) in der Therapiegruppe 10 % weniger Patienten verstorben sind als in der Placebogruppe, während bei den Niedrigrisikopatienten in der Therapiegruppe nur 2,5 % weniger Patienten verstorben sind. Die absolute Risikoreduktion ist mit 10 % versus 2,5 % also sehr verschieden. Das legt nahe, dass die Therapie bei Hochrisikopatienten wirksamer ist. Grundsätzlich ist bei allen Kennzahlen, die auf Prozentwerten beruhen, große Vorsicht angebracht. Sehr oft wird in diesem Kontext die relative Risikoreduktion angegeben, welche im vorliegenden Fall mit 25 % für beide Gruppen gleich ist. Sehen Sie dazu das Beispiel auf S. 95.

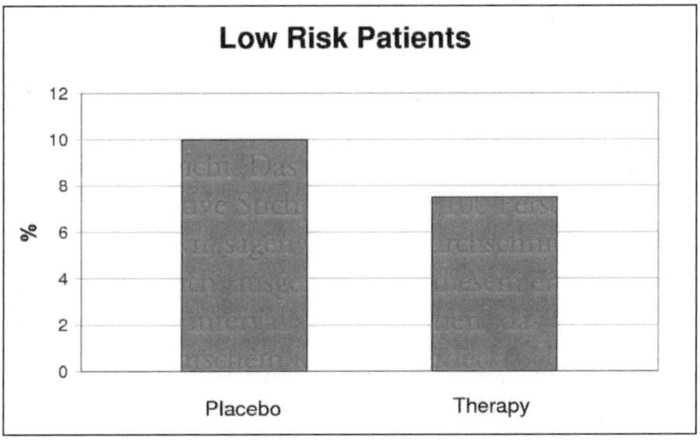

Abb. 2.6: Todesfälle (in Prozent) bei einer Erkrankung in der Gruppe von Niedrigrisikopatienten

Aus einer Studie

An der Universitätsklinik Göteborg in Schweden wurde 2008 von einem Forschungsteam eine Studie durchgeführt, bei der zwei Medikamente, nämlich Rivaroxaban und Enoxaparin, in der Thromboseprophylaxe nach einer Hüftoperation u. a. auf ihre Wirksamkeit untersucht wurden.
Es handelte sich um eine randomisierte Doppelblindstudie, an der 4.541 Patienten beteiligt waren. Eine Gruppe erhielt ab der Operation täglich 10 mg Rivaroxaban oral verabreicht. Die andere Gruppe erhielt 40 mg Enoxaparin ebenfalls täglich, allerdings subkutan und ab dem Abend vor der geplanten Operation verabreicht. Als eines der Hauptziele der Medikation wird die Verhinderung des Aufbaues von tiefen Beinvenenthrombosen gesehen. Welches Medikament ist nun wirksamer, um eine Beinvenenthrombose zu verhindern? Die beiden Medikamente im Vergleich der Wirksamkeit haben folgende Ergebnisse erzielt:

"A total of 3153 patients were included in the superiority analysis (after 1388 exclusions), and 4433 were included in the safety analysis (after 108 exclusions). The primary efficacy outcome occurred in 18 of 1595 patients (1.1 %) in the rivaroxaban group and in 58 of 1558 patients (3.7 %) in the enoxaparin group (absolute risk reduction, 2.6 %; 95 % confidence interval [CI], 1.5 to 3.7; P < 0.001)."

Eriksson, B., Borris, L., Friedman, R., Haas, S., Huisman, M., Kakkar, A., Bandel, T., Beckmann, H., Muehlhofer, E., Misselwitz, F. & Geerts, W. (2008). Rivaroxaban versus Enoxaparin for Thrombophylaxis after Hip Arthroplasty. The New England Journal of Medicine, 358, 2765–2775.

Tab. 2.9: Vierfeldertafel Zusammenhang Beinvenenthrombose und Behandlungsmethode

	Beinvenenthrombose	keine Beinvenenthrombose	Gesamt
Rivaroxaban	18 = 1,1 %	1 577	1 595
Enoxaparin	58 = 3,7 %	1 500	1 558

Die absolute Risikoreduktion wird wie folgt berechnet: AAR = 3,7 % − 1,1 % = 2,6 %. Das heißt, dass durch die Verabreichung von 10 mg Rivaroxaban in oraler Form das Risiko für das Auftreten einer Beinvenenthrombose um 2,6 % gesenkt werden konnte.

Das relatives Risiko errechnet sich wie folgt: $RR = \frac{\frac{18}{1.595}}{\frac{58}{1.500}} = 0{,}303.$

Das heißt, dass durch die Behandlung mit Rivaroxaban im Vergleich zu Enoxaparin das Risiko eines Misserfolges auf ca. 1/3 gesenkt werden konnte.

Zusammenfassend kann nochmals festgehalten werden, dass die absolute Risikoreduktion die Differenz der Ereignisraten zwischen zwei Vergleichsgruppen darstellt. Ein Beispiel dazu: In einer kontrollierten randomisierten Studie wurde festgestellt, dass bei 47 von 1.206 (3,8 %) Patienten, die nach einem akuten Myokardinfarkt mit Aspirin behandelt wurden, eine Blutung auftrat. Im Vergleich dazu trat bei 136 von 1.208 Patienten (11,2 %) eine Blutung auf, wenn sie eine orale Antikoagulation verabreicht bekamen. Die absolute Risikoreduktion für eine Blutung beträgt für die mit Aspirin behandelten Patienten 7,4 % (also 11,2 % – 3,8 %). Somit stellt die absolute Risikoreduktion ein Maß für die Wirksamkeit der Therapie (hier Aspirin) dar. Sie bezieht sich auf die Änderung des absoluten Risikos. Hier wird ein Ereignis durch eine Intervention bzw. Behandlung oder auch durch das Zurückhalten einer Behandlung verändert.

Relative Risikoreduktion (RRR, relative risk reduction)

Die **relative Risikoreduktion** beschreibt, um wie viel Prozent das Risiko durch eine Intervention (Behandlung) verringert werden kann.
Sie berechnet sich wie folgt:
relative Risikoreduktion = 1 – relatives Risiko, also RRR = 1 – RR oder

absolute Risikoreduktion/Risiko Placebo also $\frac{\text{ARR}}{\text{Risiko Placebo}}$

Für das oben ausgeführte Beispiel mit Hoch- und Niedrigrisikopatienten würde das bedeuten:

Hochrisiko: RRR = 10/40 = 25 %
Niedrigrisiko: RRR = 2,5/10 = 25 %

Der „Logik“ dieser Maßzahl folgend bedeutet das, dass das Risiko, zu versterben, in beiden Gruppen um 25 % reduziert wird, obwohl die Therapie in diesen Gruppen sehr unterschiedlich wirkt! Betrachten Sie in Fortführung dieses Beispiels bitte die „number needed to treat“ (NNT) im folgenden Kapitel.

Diese üblichen Darstellungen des Nutzens von Therapien werden zunehmend auch mit statistischen Größen versehen, die auch den Grundanteil mit einbeziehen, wie zum Beispiel die number needed to treat (NNT) und number needed to harm.

2.2.4 „Number needed to treat" (NNT; Anzahl der notwendigen Behandlungen) und „number needed to harm"

Die **„number needed to treat" (NNT)** „ist die Anzahl von Individuen, die ein Kliniker behandeln müsste, um in der Gruppe von Individuen mit ähnlichem Risiko ein (Zahl 1) negatives Ereignis (einen Krankheitsfall, einen Todesfall, einen Übertragungsfall) zu verhindern" (Rossboth 2007, S. 48).

Diese Kennzahl wurde ursprünglich für Therapiestudien entwickelt. Man wollte mit ihr darstellen, wie viele Personen im Durchschnitt behandelt werden müssen, um einen Profit bzw. Nutzen von der Behandlung zu haben (vgl. Weiß 2010, S. 277). Die NNT ist der Reziprokwert (Kehrwert) des zuschreibbaren Risikos (der absoluten Risikoreduktion, ARR). In gewisser Weise ist die NNT ein Maß für die Wirksamkeit einer Therapie. Von ihr hängt auch ab, ob eine Therapie weiterempfohlen werden kann (Maß für die Nachweiskraft im Sinne der Evidence-based Medicine).

Die NNT wird wie folgt berechnet:

$$\text{number needed to treat} = \frac{1}{\text{absolute Risikoreduktion}}, \text{ also } NNT = \frac{1}{ARR}$$

Für unsere Beispiele würde das folgende Ergebnisse bringen:

- Für die Gruppe der Hochrisikopatienten $\frac{1}{0{,}1} = 10$, das heißt, 10 Personen müssen über einen gewissen vorher definierten Zeitraum mit der Therapie behandelt werden, um einen Todesfall zu verhindern.
- Für die Gruppe der Personen mit dem niedrigeren Risiko $\frac{1}{0{,}025} = 40$, das heißt, in dieser Gruppe müssen 40 Personen behandelt werden, um einen Todesfall zu verhindern.

Vorsicht: Die NNT hängt stark vom zugrundeliegenden absoluten Risiko für ein negatives Ereignis (Symptom oder Erkrankung) ab, was mit diesen Zahlen gezeigt werden konnte.

Eine perfekte NNT wäre die Zahl 1. Dies würde bedeuten, dass jede behandelte Person von der Behandlung profitiert und kein Patient von der Placebobehandlung profitiert. NNTs nahe bei 1 gibt es in der Antibiotikabehandlung! NNTs von 2–5 zeigen eine durchaus effektive Therapie an. Die Spontanheilungsrate und das Ansprechen auf die Behandlung mit Placebo erhöht die NNT.

Analog zur NNT kann die „number needed to harm" (NNH) definiert werden:

Die **„number needed to harm" (NNH)** gibt die Anzahl der Personen an, für die unter der neuen Behandlung im Vergleich zur Standardmethode ein zusätzliches schädliches Ereignis eintritt.

Natürlich wird die NNH sehr oft in Zusammenhang mit Nebenwirkungen von Behandlungen ermittelt. Die Abwägung der „number needed to treat" für den Behandlungserfolg und der „number needed to harm" für das Auftreten von schwerwiegenden Nebenwirkungen ermöglicht die Abschätzung des Nutzens und der Risiken einer Behandlung.

Am Ende dieses Kapitels muss noch einmal festgehalten werden, dass sich die Effektgrößen massiv in Abhängigkeit vom Ausgangsrisiko verändern. Tabelle 2.10 soll dies verdeutlichen.

Tab. 2.10: Veränderung der Risikoraten durch Ereignisraten

CER	EER	RRR	ARR	NNT
20 % oder 0,2	0,15	25 %	0,05	20
2 % oder 0,02	0,015	25 %	0,005	200
0,2 % oder 0,002	0,0015	25 %	0,0005	2000

Ausgehend von der Annahme, dass Tabelle 2.10 Angaben zur Reduktion von Schmerz durch ein neu eingesetztes Präparat (EER) beinhaltet und dass diese Schmerzreduktion unter der Placebobehandlung (CER) nicht eintrat, muss je nach Ereignisrate eine unterschiedliche Anzahl von Personen (NNT) der Behandlung ausgesetzt werden, um eine Schmerzreduktion zu erzielen. Folgende Berechnungen sollen den Zusammenhang zwischen „Ausgangsrisiko“ und NNT verdeutlichen. Die Abkürzungen stehen für:

CER = Ereignisrate in der Kontrollgruppe (Control Event rate)
EER = Ereignisrate in der Behandlungsgruppe (Experimental Event rate)
RRR = relative Risikoreduktion
ARR = absolute Risikoreduktion
NNT = number needed to treat

Exemplarisch für die erste Zeile:

CER = 20 % oder 0,2
EER = 0,15
AAR = CER – EER = 0,05
NNT = 1/0,05 = 20 Personen – Es müssen durchschnittlich 20 Personen behandelt werden, um bei einem Patienten eine Schmerzreduktion zu erzielen.

Sinkt das Risiko, wie in der zweiten Zeile der Tabelle, so ändert sich die NNT folgendermaßen:

CER = 2 % oder 0,02
EER = 0,015
Somit ergibt sich AAR = CER – EER = 0,005
NNT = 1/0,005 = 200 Personen – Es müssen also durchschnittlich 200 Personen behandelt werden, um bei einem Patienten eine Schmerzreduktion zu erzielen.

Mit diesen Beispielen kann verdeutlicht werden, wie eng der Zusammenhang mit dem Ausgangsrisiko ist.

2.2.5 Goldstandard und diagnostische Tests

Der Kliniker versucht unter Einbeziehung diagnostischer Tests den Zustand eines Patienten zu beschreiben bzw. zu klassifizieren. Dazu können verschiedenste Informationsquellen herangezogen werden. Klassisch versteht man unter Tests in der Medizin Verfahren wie Labortests, bei denen bestimmte

Proben wie Urin, Stuhl, Blut oder Liquor analysiert werden. Allerdings ist vom Standpunkt der Epidemiologie noch viel mehr in diesen Bereich einzubeziehen. Es fallen jegliche Untersuchungen und Tests wie Anamnese (Vorhandensein oder Abwesenheit relevanter Komponenten), Befunde bildgebender Verfahren oder auch Reaktionen auf Therapien (erwartete und unerwartete Reaktionen) darunter. Die erzielten Testergebnisse (positiv oder negativ; vorhanden oder nicht vorhanden; hoch oder niedrig; normal oder krankhaft) hängen sehr stark davon ab, welcher klinische Verlauf eingeschlagen wird (vgl. Rossboth 2007, S. 92).

Ein Problem liegt sicherlich darin, dass in der Medizin, wie in vielen anderen Bereichen, Testverfahren nicht zur Gänze perfekt sind. Sie sind nicht so sicher und genau, wie sie auf den ersten Blick erscheinen. Darauf wird im nächsten Kapitel noch näher eingegangen, in dem die Güte eines Tests bestimmt werden soll. Die Herstellung der Objektivität ist sicherlich eine Herausforderung. Die Objektivität kann aber durchaus ermittelt werden, indem beispielsweise zwei Ärzte aufgefordert werden, bei einer Gruppe von Patienten ein bestimmtes Merkmal für eine Krankheit zu finden.

Im Zusammenhang mit Tests sollen vorweg einige Begrifflichkeiten als Basis und Übergang zum nächsten Kapitel genauer definiert werden. Es sind dies sensitiver und spezifischer Test, Screeningtest und diagnostischer Test und im Speziellen der Goldstandard.

Goldstandard: Unter dem Begriff Goldstandard bzw. Referenztest versteht man ein eingeführtes Testverfahren und dazugehörige Arbeitsschritte, welche mit hoher Wahrscheinlichkeit, das heißt Sicherheit, das Vorhandensein bzw. Nichtvorhandensein einer Erkrankung bei einem Individuum feststellen können. In der Regel sind dies aufwendige, teure oder oft auch komplizierte Verfahren (z. B. Biopsien). Der Referenzstandard ist oft zu teuer, zu risikobelastet oder erfordert gar einen toten Patienten zur Durchführung einer Autopsie. Im klinischen Alltag ist man deshalb bemüht, Ersatzverfahren einzusetzen, die für den Patienten unaufwendiger und nicht riskant sind. Dazu nimmt man jedoch auch eine gewisse Ungenauigkeit in Kauf. Oft ist in der Alltagsroutine nicht der Goldstandard, sondern der weitestgehend akzeptierteste Test im Einsatz.

Sensitiver Test: Bei einem sensitiveren Test wird aus der Untersuchung einer Anzahl von Individuen eine höhere Anzahl von richtig positiven Ergebnissen resultieren als bei einem weniger sensitiven.

Spezifischer Test: Bei einem spezifischeren Test wird eine größere Anzahl von Individuen ohne Erkrankung ein korrektes negatives Testergebnis erhalten als bei einem weniger spezifischen Verfahren.

Screening: In diesem Test werden „gesunde" Personen getestet. Das Verfahren wird an Personen angewendet, die keine klinischen Zeichen einer Erkrankung zeigen. Es ist eine Reihenuntersuchung, die oft routinemäßig durchgeführt wird. Die Wahrscheinlichkeit, die Erkrankung zu haben, entspricht der Prävalenz (siehe Kap. 2.1) der gescreenten Gruppe.

Im Gegensatz dazu steht der **diagnostische Test**: Dieser findet Anwendung, wenn bei Patienten klinische Zeichen wahrnehmbar sind. Es besteht meist die Annahme für eine spezielle Erkrankung, die zu erkunden versucht wird.

2.2.6 Sensitivität und Spezifität

Um welches Problem geht es in diesem Kapitel?

Ist der HIV-Test sicher? Was bedeutet es eigentlich, wenn ein HIV-Test „positiv" oder „negativ" ausfällt? Kann trotz eines positiven Ergebnisses die Infektion mit dem Virus ausgeschlossen sein? Kann trotz eines negativen Ergebnisses die Infektion durchaus vorhanden, aber nicht erkannt sein? Beide Varianten sind leider möglich. In Deutschland werden zum Beispiel durch ein anfangs positives ELISA-Ergebnis viele Menschen zunächst mit einem „falsch positiven" Ergebnis konfrontiert. Der „Arbeitskreis Blut" im Robert Koch-Institut rechnet bei jährlich 4 Millionen Blutspenden in Deutschland mit ca. 12.000 falsch positiven Testergebnissen (Paul-Ehrlich-Institut, http://www.pei.de). Eine nicht unbeachtliche Zahl, wenn man bedenkt, dass dieser Test eine Sensitivität bzw. Spezifität von ca. 99 % hat. Was sagen uns diese Werte?

Wenn Sie dieses Unterkapitel gelesen haben, können Sie folgende Fragen beantworten:

Wie bestimmt man die Sensitivität, die Spezifität, den positiven und negativen Vorhersagewert?
Welche unterschiedlichen inhaltlichen Zugänge gibt es bei der Beurteilung eines klinischen Tests?

Wie kann die Tauglichkeit eines klinischen Tests nach den entsprechenden Kriterien beurteilt werden und wie kann vermieden werden, dass man sich durch falsche (augenscheinliche) und auf den ersten Blick logische Wahrscheinlichkeiten täuschen lässt?

Schlüsselbegriffe

Sensitivität, Spezifität, positiver Vorhersagewert, negativer Vorhersagewert

Zur Diagnostik bzw. Klärung bestimmter Krankheiten, eines pathologischen Phänomens bzw. eines bestimmten Zustandes können und werden neben den Fachkenntnissen und der Erfahrung des Diagnostikers auch verschiedenste Verfahren wie Laborwerte, physiologische Messwerte, Interpretationen von Ergebnissen von bildgebenden Verfahren bzw. Biomarker herangezogen. Die Tauglichkeit dieser diagnostischen Verfahren, wie zum Beispiel des ELISA-Tests, der auf Antikörper des HIV testet, der Ferumlänge zur sonografischen Diagnostik bei Trisomie 21 oder der Bestimmung des PSA-Wertes zur Diagnostik eines Prostatakarzinoms, muss einer gewissen Güte bzw. Standards entsprechen. Zu den wichtigsten bzw. den Hauptgütekriterien eines diagnostischen Tests gehören sicherlich die **Validität** und **Reliabilität**. Im ersten Schritt erwarten wir also von einem solchen Verfahren, dass es reliabel und valide ist. Das heißt, die Testergebnisse müssen unter ähnlichen Gegebenheiten reproduzierbar (wiederholbar) sein – dann ist das Verfahren reliabel. Dabei geht es um die Zuverlässigkeit solcher Verfahren. Die Validität bildet sich in der Differenzierung zwischen Gesunden und Kranken ab. Sie kann durch die Sensitivität bzw. Spezifität bestimmt werden. In gewisser Weise geht es um die Gültigkeit des Verfahrens: Misst das Verfahren das, was es messen soll? Kann es zwischen Gesunden und Kranken gut trennen, diese trennscharf abgrenzen?

Validität und Reliabilität sind miteinander verbunden, sie spielen in der Realität ineinander. Der Idealfall, dass alle Testergebnisse immer ganz korrekt sind, kann in der Praxis leider nicht umgesetzt werden. Es kommt immer wieder zu Fehldiagnosen und damit zu falschen Befunden.

Vorweg allerdings einmal zur Klärung der zwei Begrifflichkeiten:

Sensitivität: Diese beschreibt die Fähigkeit der Skala, Risikopatienten zu erkennen.
Es wird darunter also die Fähigkeit eines diagnostischen Verfahrens (Tests) verstanden, tatsächlich Kranke als krank zu identifizieren.

Formel:

$$\frac{\textit{Anzahl richtig positiv diagnostizierter Personen}}{\textit{Anzahl richtig positiv diagnostizierter Personen} + \textit{Anzahl falsch negativ diagnostizierter Personen}}$$

Spezifität: Diese beschreibt die Fähigkeit der Skala, risikofreie Patienten zu erkennen.
Es wird darunter die Fähigkeit eines diagnostischen Verfahrens (Tests) verstanden, tatsächlich Gesunde als gesund zu identifizieren.

Formel:

$$\frac{\textit{Anzahl richtig negativ diagnostizierter Personen}}{\textit{Anzahl richtig negativ diagnostizierter Personen} + \textit{Anzahl falsch positiv diagnostizierter Personen}}$$

Die beiden Kenngrößen stehen miteinander in Verbindung. In Abbildung 2.7 ist ihre Verbindung sehr gut ersichtlich. Optimal wäre es, wenn ein Testwert (Cut-off-Wert) hundertprozentig zwischen den Gruppen der Kranken und Gesunden differenzieren könnte. Allerdings ist dies wie bereits erwähnt in der Realität nicht anzutreffen, sodass es zu Überschneidungen (Fehldiagnosen) kommt.

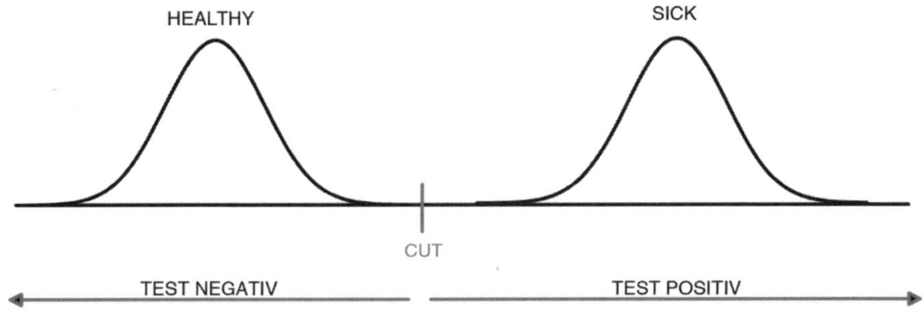

Abb. 2.7: Zusammenhang zwischen Spezifität und Sensitivität

Spezifität: 100 %
Wenn der Test NEGATIV ist, ist der Patient GESUND (keine falsch negative Klassifikation).

Hohe SPEZIFITÄT ist wichtig, wenn:
keine Therapie bekannt, Therapie mit hohen Belastungen (für Patienten, Gesundheitswesen) verbunden, Therapie mit schweren Nebenwirkungen verbunden, Nachfolgeuntersuchungen mit großen Risiken oder psychischen Belastungen verbunden

Sensitivität: 100 %
Wenn der Test POSITIV ist, ist der Patient KRANK (keine falsch positive Klassifikation).

Hohe SENSITIVITÄT ist wichtig, wenn:
Krankheit mit schweren Folgen, erfolgversprechende Therapie zur Verfügung steht, falsch positive Befunde ohne große Belastungen und mit (geringem) Aufwand klärbar

Nehmen wir nun an, dass ein klinischer Test die Infektion bzw. Nichtinfektion mit einem bestimmten Virus feststellen kann. Wie bereits thematisiert, kann er das in der Realität nicht mit hundertprozentiger Sicherheit. Ein mit dem Test erzieltes positives bzw. negatives Ergebnis ist nur bedingt korrekt – es ist eine Wahrscheinlichkeitsangabe. Um dies zu veranschaulichen, soll folgendes Beispiel dienen:

Ausgehend von einer fiktiven Grundgesamtheit von 100.000 Personen sind 1.000 Personen mit einem Virus infiziert (siehe Tab. 2.11). Die restlichen 99.000 sind dies nicht.

Tab. 2.11: Fiktives Beispiel der Infektion mit dem HIV

	infiziert	**nicht infiziert**	**Summe**
positiv	800	19 000	19 800
negativ	200	80 000	80 200
	1 000	99 000	100 000

Es werden in diesem Beispiel nur 80 % der tatsächlich infizierten Personen im Test als positiv (Sensitivität) und genauso 80 % der nicht infizierten Personen als negativ (Spezifität) klassifiziert, was natürlich in der Realität nicht erstrebenswert ist. Wie bereits erwähnt, stellen Sensitivität und Spezifität statistisch gesehen bedingte Wahrscheinlichkeiten dar. Wenn folgende Bezeichnungen angenommen werden: T = Testergebnis und W = Wirklichkeit, dann ergibt sich

$$\text{Sensitivität } P(T = +/W = +) = P\left(\frac{\textit{positives Testergebnis}}{\textit{positiv in der Wirklichkeit}}\right) = \frac{800}{1.000} = 0{,}8$$

$$\text{Spezifität } P(T = -/W = -) = P\left(\frac{\textit{negatives Testergebnis}}{\textit{negativ in der Wirklichkeit}}\right) = \frac{80.000}{99.000} = 0{,}8$$

Aus einer Studie

Der PAP-Abstrich galt bzw. gilt noch immer als eine der besten Methoden in der Vorsorge von Zervixkarzinomen. Er wird als Screening, also als Reihenuntersuchung bei „gesunden“ Frauen eingesetzt. In den letzten Jahren ist die Durchführung von neuen Virustests zur Krebsvorsorge und damit verbundenen Impfungen mehr in Diskussion gekommen. Im Speziellen wurde immer wieder der HPV(Humane Papillomviren)-Test thematisiert. Dieser Test ist sensitiv für eine Gruppe von Viren, welche für die Entstehung von verschiedensten Karzinomen, insbesondere für den Gebärmutterhalskrebs, verantwortlich ist. Im Zuge dieses fachlichen Diskurses sind Forschungsarbeiten zum Vergleich der „Tauglichkeit beider Verfahren zur Früherkennung von intraepithelialen Neoplasien“ durchgeführt worden.

Die kanadische Forschergruppe um Marie-Helene Mayrand hat 2007 die Ergebnisse des PAP-Abstrichs und des HPV-Tests von über 10.000 Frauen zwischen 30 und 69 Jahren verglichen und ist zu folgenden Ergebnissen gekommen:

"A total of 10,154 women were randomly assigned to testing. Both tests were performed on all women in a randomly assigned sequence at the same session. The sensitivity of HPV testing for cervical intraepithelial neoplasia of grade 2 or 3 was 94.6 % (95 % confidenceinterval [CI], 84.2 to 100), whereas the sensitivity of Pap testing was 55.4 % (95 % CI, 33.6 to 77.2; P = 0.01). The specificity was 94.1 % (95 % CI, 93.4 to 94.8) for HPV testing and 96.8 % (95 % CI, 96.3 to 97.3; P 0.001) for Pap testing. Performance was unaffected by the sequence of the tests. The sensitivity of both tests used together was 100 %, and the specificity was 92.5 %."

Mayrand, Marie-Helene et al. (2007). Human Papillomavirus DNA versus Papanicolaou Screening Tests for Cervical Cancer. The New England Journal of Medicine, 357(16), 1579.

Ein Hauptergebnis des Forschungsprojekts ist, dass die Sensitivität des HPV-Tests bei der Entdeckung von zervikalen intraepithelialen Neoplasien zweiten und dritten Grades (CIN) mit 94,6 % versus 55,5 % deutlich höher war. Zusätzlich war die Spezifität umgekehrt bei 94,1 % dem PAP-Test mit 96,8 % minimal unterlegen. Die gemeinsame Anwendung der Verfahren ergab eine Sensitivität von 100 % und eine Spezifität von 92,5 %. Der HPV-Test kann also mit hoher „Treffsicherheit" tatsächlich kranke Frauen als krank diagnostizieren. Beim Herausfiltern von gesunden Frauen als gesund ist er dem PAP-Test minimal unterlegen. Der HPV-Test ist bislang nicht in der Routinediagnostik gelandet, was wahrscheinlich daran liegt, dass es in einem nicht abschätzbaren Ausmaß mögliche Überdiagnostikfälle geben kann, also falsch positive Ergebnisse.

Was zum nächsten Aspekt der Thematik überleitet ...

Praktisch relevant ist natürlich nun, wie groß bei gegebener Sensitivität und Spezifität die Wahrscheinlichkeit ist, dass ein im Test positiv diagnostizierter Patient auch wirklich infiziert ist, und im Gegenzug, ob ein Patient, der im Test negativ diagnostiziert wurde, auch tatsächlich nicht infiziert ist. Diese Annahmen, die wiederum bedingte Wahrscheinlichkeiten darstellen, nennt man positive bzw. negative prädiktive Werte.

Wenn nun ein Test eine Person, die krank ist, quasi übersieht, also ein negatives Ergebnis liefert, so erhält man ein falsch negatives Ergebnis. Selbstverständlich kann in analoger Weise auch ein falsch positives Ergebnis erzielt werden, das heißt, eine gesunde Person bekommt einen positiven Befund, wird also als krank klassifiziert, obwohl sie gesund ist.

Von „falsch negativ (FN)" spricht man, wenn eine Person beim Test einen negativen Befund bekommt, aber erkrankt ist. (Dies ist gleichzusetzen mit dem Fehler zweiter Art in der Statistik, dem sogenannten Betafehler; siehe Kap. 1.4.)

Von „falsch positiv (FP)" spricht man, wenn eine Person im Gegensatz dazu beim Test einen positiven Befund bekommt, aber nicht erkrankt ist. (Dies ist gleichzusetzen mit dem Fehler erster Art, dem sogenannten Alphafehler; siehe Kap. 1.4.) Diese Ergebnisse sind unerwünscht, weil die Personen falsch beurteilt werden und somit auch Folgen für diese entstehen (vgl. Rossboth 2007, S. 98).

Diese Überschneidungsbereiche werden in Abbildung 2.8 veranschaulicht.

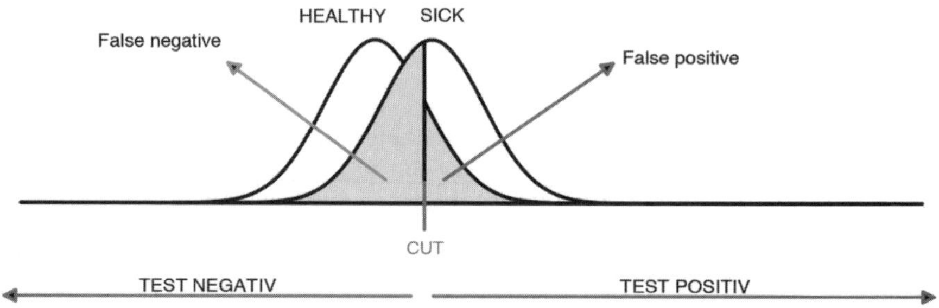

Abb. 2.8: Überschneidungsbereiche der Sensitivität und Spezifität

Ein Beispiel dazu könnte ein sehr häufig eingesetztes Screeningverfahren zur Diagnostik von Kolonkarzinomen sein. Dazu werden guajakbasierte Stuhlbluttests oder sogenannte Guajak-Tests eingesetzt, die zum biochemischen Nachweis von mit bloßem Auge nicht sichtbarem (okkultem) Blut im Stuhl dienen.

Wir gehen von einem fiktiven Beispiel aus: Es sind 11.000 Personen im Rahmen der Darmkrebsfrüherkennung mit einem guajakbasierten Stuhltest gescreent worden. Dabei könnten die in Abbildung 2.9 dargestellten Ergebnisse erzielt werden.

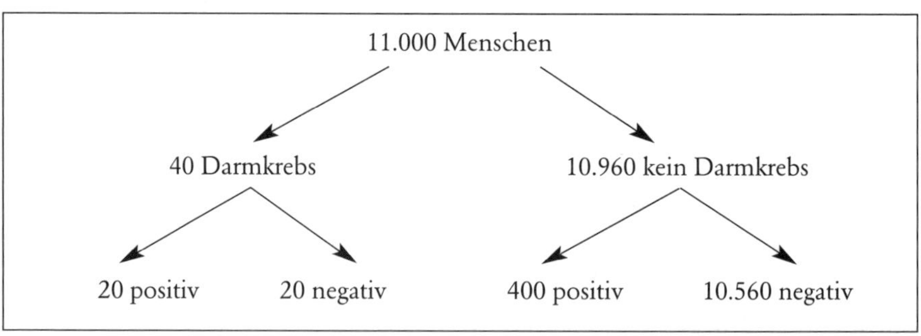

Abb. 2.9: Baumdiagramm zum Beispiel guajakbasierter Stuhltests zur Darmkrebsfrüherkennung

Hier kann gut verdeutlicht werden, dass bei 420 Personen mit positivem Haemoccult nur 20 Personen wirklich Darmkrebs haben, das entspricht 4,8 %.

Im Rahmen von Diagnosestudien müssen, um die Sensitivität und die Spezifität ermitteln zu können, natürlich einige Voraussetzungen gegeben sein. Hier eine Auswahl der wichtigsten Bedingungen:

- Es muss unbedingt ein sogenannter Goldstandard (siehe Kap. 2.2.5) zum Vergleich verfügbar sein. Dieser wird in diesem Zusammenhang benötigt, um den realen Gesundheitszustand der Patienten zu erfassen. Meist sind dies aufwendige und kostenintensive oder auch den Patienten belastende Verfahren. Beim obigen Beispiel im Zusammenhang mit der Diagnostik von Kolonkarzinomen wäre der Goldstandard die Kolonoskopie. Man ist daher in der Praxis bestrebt, weniger aufwendige Ersatzverfahren einzusetzen und nimmt dazu auch die ungenauere Variante in Kauf.
- Ein ausreichendes Maß an Kranken bzw. Nichtkranken muss sowohl mit dem evaluierten Test als auch mit dem Goldstandard klassifiziert bzw. diagnostiziert werden.
- Um den Testleitereffekt, der auch bereits in diesem Buch thematisiert wurde, auszuschalten, sollte bzw. muss die Studie verblindet sein. In der konkreten Umsetzung bedeutet das, dass der wahre Krankheitsstatus und zusätzlich klinisch relevante Informationen nicht an den diagnostizierenden Arzt ergehen dürfen. Damit kann die Objektivität (siehe Kap. 2.2.5) der Beurteilung gewährleistet werden.

Die Sensitivität und Spezifität sind konstante Werte, sie sollten immer mit einem Konfidenzintervall (siehe Kap. 1.8) angegeben werden. Die Vorhersagewerte jedoch sind, wie sich aus Abbildung 2.9 sehr gut ablesen lässt, von der Prävalenz abhängig. Dieser Zusammenhang wirkt sich nicht unwesentlich auf die Ergebnisse aus, zum Beispiel hat ein Test mit einer Sensitivität von 99 % bei einer Prävalenz der Erkrankung von 60 % eine positive Korrektheit von 90 %, bei einer Prävalenz von 3,5 % jedoch eine positive Korrektheit von 20 %. Das Theorem von Bayes, welches in Folge dargestellt wird, geht auf diesen Bezug zwischen Prävalenz und Vorhersage ein.

Vorweg nochmals zur Übersicht die Berechnungswege der Sensitivität, der Spezifität, des positiven Vorhersagewertes und des negativen Vorhersagewertes:

	Krankheit vorhanden	Krankheit nicht vorhanden			
Testergebnis positiv	a	b	a+b	→	positiver Vorhersagewert = a/(a + b)
Testergebnis negativ	c	d	c+d	→	negativer Vorhersagewert = d/(c + d)
	a + c	b + d			
	↓	↓			
	Sensitivität = a/(a + c)	Spezifität = b/(b + d)			

Abb. 2.10: Berechnungswege von Sensitivität, Spezifität, positivem Vorhersagewert und negativem Vorhersagewert

Für den Kliniker sind aufgrund der bereits thematisierten Mängel (fehlender Bezug zur Prävalenz) jedoch weniger die Sensitivität und die Spezifität von Bedeutung, sondern die bereits erwähnten Vorhersagewerte oder prädiktiven Werte (predictive value) eines positiven bzw. negativen Testresultats.

Prädiktiver Wert eines positiven Testresultats:
PW+ = Wahrscheinlichkeit, dass bei Test positiver Person die Krankheit auch vorliegt = P (K+/T+), also der Wert, der angibt, wie verlässlich ein positives Testergebnis ist.

Prädiktiver Wert eines negativen Testresultats:
PW– = Wahrscheinlichkeit, dass bei Test negativer Person keine Krankheit vorliegt = P (K–/T–), also der Wert, der angibt, wie verlässlich ein negatives Testergebnis ist.

Sie bilden somit die Wahrscheinlichkeit ab, dass das Resultat des Tests auch wirklich den realen Krankheitsstatus wiedergibt.

Die Prävalenz P (K) bezeichnet die Wahrscheinlichkeit, vor dem positiven Testergebnis schon krank gewesen zu sein; diese wird als „A-priori-Wahrscheinlichkeit" (= von vornherein) bezeichnet. Im Vergleich dazu wird der positive Vorhersagewert als „A-posteriori-Wahrscheinlichkeit" bezeichnet. Es zeigen sich in der Praxis auch bei gesunden Personen positive Befunde. Diese werden durch Faktoren, die nicht im ursächlichen Zusammenhang mit der Krankheit stehen, erklärt und auf diese zurückgeführt. Mit einem sensitiveren

Test werden sich im diagnostischen Sinn bei einer größeren Anzahl von Individuen mehr positive Testergebnisse zeigen. Bei geringer Prävalenz einer Krankheit kann oft nur ein kleiner Teil der positiven Befunde auf die diagnostizierte Krankheit zurückgeführt werden. In speziellen Risikogruppen oder in auf Diagnosen spezialisierten Kliniken sind die Prävalenzen höher und somit auch die Aussagekraft der Tests. Kritisch zu sehen sind Screenings, bei denen die Prävalenz sehr niedrig ist und daher im Verhältnis viele falsch positive Ergebnisse erreicht werden. Dabei ist zu beachten, dass ein positiver Befund lediglich ein Hinweis dafür ist, dass die Krankheit vorliegen kann, jedoch eine weitere spezielle Untersuchung dies abklären muss. Die naive Folgerung, dass ein Test mit einer Sensitivität von 99 % auch mit 99%iger Wahrscheinlichkeit eine Aussage über das Vorhandensein einer Krankheit treffen kann, ist schlichtweg statistisch falsch. Dazu bedarf es einer detaillierteren Betrachtung.

Wie oben bereits erwähnt, bezieht das Theorem von Bayes die Prävalenz mit ein.

Abb. 2.11: Thomas Bayes, 1702–1761

Nach dem Theorem (Lehrsatz) von Bayes gilt:

$$\text{positiver Vorhersagewert} = \frac{\textit{Sensitivität} \cdot \textit{Prävalenz}}{\textit{Sensitivität} \cdot \textit{Prävalenz} + (1 - \textit{Spezifität}) \cdot (1 - \textit{Prävalenz})}$$

$$\text{negativer Vorhersagewert} = \frac{\textit{Spezifität} \cdot (1 - \textit{Prävalenz})}{\textit{Spezifität} \cdot (1 - \textit{Prävalenz}) + (1 - \textit{Sensitivität}) \cdot \textit{Prävalenz}}$$

Die Qualität eines klinischen Tests wird durch die Sensitivität, Spezifität, positiven und negativen Vorhersagewerte gekennzeichnet. Positive und negative Vorhersagewerte hängen wiederum maßgeblich von der Prävalenz ab. Diesem Umstand wird der Lehrsatz von Bayer bei der Berechnung gerecht.

2.2.7 ROC – Receiver Operator Characteristics Curve und ROC-Analysen

Eine zusätzliche und sehr häufig eingesetzte Möglichkeit, die Qualität von klinischen Studien zu beurteilen, stellt der Einsatz sogenannter ROC-Kurvenanalysen dar. Diese finden ihren Einsatz hauptsächlich in Diagnosestudien im Bereich der Klinischen Chemie, Pharmakologie, aber auch in der Epidemiologie. Konkret werden ROC-Kurvenanalysen sehr häufig als Standard für das Beschreiben und Vergleichen der Genauigkeit von Diagnostiktests akzeptiert. Bei den Ergebnissen von diagnostischen Tests handelt es sich oft um physikalische Messungen oder Ergebnisse aus chemischen Verfahren. Die Festlegung der Grenze zwischen gesund und pathologisch ist oft nicht eindeutig. Es wird versucht, mit der Analyse der Kurven die diagnostische Güte eines Tests zu beobachten und festzulegen. Dabei werden bei der sogenannten „Kurve der Charakteristika für den steuernden Anwender“ die Sensitivität und die Spezifität in Abhängigkeit von unterschiedlichen Cut-off-Werten grafisch dargestellt. Diese Cut-off-Werte bzw. Punkte sind Trennwerte, die variiert werden, um damit veranschaulichen zu können, wo der optimale Cut-off-Punkt liegt. Bezugspunkte stellen dabei die Kosten für falsch Positive (FP) und falsch Negative (FN) dar. Im Koordinatensystem werden verschiedenste Werte (Cut-off-Werte – möglich auch jeder Messwert) mit Richtig-positiv-Rate (Sensitivität) und Falsch-positiv-Rate (1 – Spezifität) gegeneinander eingetragen und variiert. Die Sensitivität (Richtig-positiv-Rate) wird als Ordinate und die „1 – Spezifität“ (Falsch-positiv-Rate) als Abszisse im Diagramm dargestellt. Durch diese Vorgehensweise entsteht bei Verbindung der eingetragenen Punkte eine charakteristische gekrümmte, aufsteigende Kurve.

Eine Grundvoraussetzung, um dieses gegenseitige Auftragen im Koordinatensystem zu ermöglichen, ist, dass es sich um kontinuierliche (metrische bzw. quantitative Skalen) Variablen handeln muss, was bei Ergebnissen von

Tests, die Messwerte liefern, kein Problem darstellt. Die Ausprägung der Merkmale in „positiv“ und „negativ“ reicht dazu nicht. Um jedoch nun eine binäre Testentscheidung zu ermöglichen, muss eine Testgröße, ein sogenannter **Schwellenwert (Trennwert/Cut-off-Wert)**, festgelegt werden. Dieser wird mit dem griechischen Buchstaben Tau (τ) dargestellt. Er differenziert zwischen den Bereichen physiologisch („normal“) und pathologisch. Jeder individuell erzielte Messwert (z.B. einer Laboruntersuchung) einer Person wird mit diesem festgelegten Schwellenwert verglichen. Wenn er kleiner als τ ist, spricht man von einem negativen Befund, bei einem größeren Messwert von einem positiven Befund. τ beeinflusst also als Vorhersagewert auch die Sensitivität und Spezifität (vgl. Weiß 2010, S. 291).

Die „natürliche Grenze“ zwischen pathologisch und „normal“ muss aus Mangel an objektiven Festlegungsmöglichkeiten im Prozess von Praktikern definiert werden. Daraus ergibt sich aber, dass abhängig von dieser Festlegung eines inhaltlich relevanten Trennwertes (cut-off value – es gibt auch die Bezeichnung „cut-off point“) der Anteil der Personen mit falsch positiven bzw. falsch negativen Ergebnisse möglichst niedrig gehalten werden soll. Die getroffene Festlegung orientiert sich zum Großteil daran, wie hoch die Risiken einer Fehleinschätzung sind, was zum Beispiel bei einer schweren, aber behandelbaren Krankheit Relevanz hat. Es handelt sich hier nicht um wahrscheinlichkeitstheoretische Annahmen, sondern um ökonomische, ethische und medizinische Überlegungen. Bei der Interpretation von Ergebnissen sollte dem Praktiker jedoch immer klar sein, dass es sich hier im Hintergrund mehr oder weniger um willkürlich festgelegte Schwellenwerte handelt (vgl. Hedderich 2012, S. 167). Als Beispiel für eine solche Festlegung eines Wertes kann der uns allen gut bekannte Wert für den Glucoseanteil im Blut angesehen werden. Die festgelegte Grenze von 110 mg/dl (Milligramm/Deziliter) für den Nüchternblutzucker ist nach Abwägung der hier besprochenen Komponenten (niedrige falsch positive bzw. falsch negative Ergebnisse) festgelegt worden.

Auf die deskriptive Darstellung in Form eines Diagramms wurde schon eingegangen. Wichtig dabei ist, dass beim ROC-Verfahren der Definitionsbereich der Messgrößen in kleine, diskrete Schritte zerlegt wird. Diese Schritte sollen möglichst zahlreich sein, wobei sich das an der Anzahl der Messwerte orientiert. Das Gegenauftragen der Punkte und die daraus entstehende Kurve wurden schon beschrieben. Zusätzlich zum Finden des optimalen Trennwertes („cut-off point“), bei dem die Sensitivität und die Spezifität möglichst hoch sind, muss dann eine Tangente an die ROC-Kurve parallel zur Diagonale (Winkel halbierend) gelegt werden. Diese hat als Aufgabe, einen Wert mit maximalem Abstand von der Diagonale festzulegen, und gibt somit den Berührungspunkt vor.

Natürlich bestehen in diesem Bereich auch Variationsmöglichkeiten – je nach Kosten bzw. Risiken können falsch Positive bzw. falsch Negative unterschiedlich gewichtet werden. Dann müssen allerdings vorweg bei der Festlegung eines optimalen Trennwertes die Sensitivität und die Spezifität unterschiedlich gewichtet werden.

In Tabelle 2.12 wird dies anhand eines Beispiels dargestellt. Hier wäre der optimale Schwellenwert bei 90 angesiedelt. Die Sensitivität liegt bei 89 % und die „1 – Spezifität" bei 62 %.

Tab. 2.12: Tabelle Demonstration optimaler Cut-off-Werte

Schwellenwert τ	Sensitivität in %	1 – Spezifität in %
90	89	62
100	83	52
110	79	35
120	72	26
130	62	18
140	57	13
160	42	7

Daraus ergibt sich die in Abbildung 2.12 dargestellte ROC-Kurve. Würde man sich nun noch die Diagonale hinzudenken, könnte ein Bereich festgelegt werden. Die Güte (bzw. Qualität) eines diagnostischen Tests kann durch die Fläche unter der ROC-Kurve (AUC – „area under the curve") quantifiziert werden.

Ein Test mit dem Wert 1 wäre optimal, allerdings eher unrealistisch, da dazu jeglicher falsche Befund ausgeschlossen werden muss. Werte, die rund um 0,5 liegen, sind auch nicht erstrebenswert, da eine AUC von 0,5 einer zufälligen Zuordnung von „gesund" und „krank" entspricht (vgl. Weiß 2010). Dieser Wert würde der Diagonale von links unten bis zur rechten oberen Ecke entsprechen.

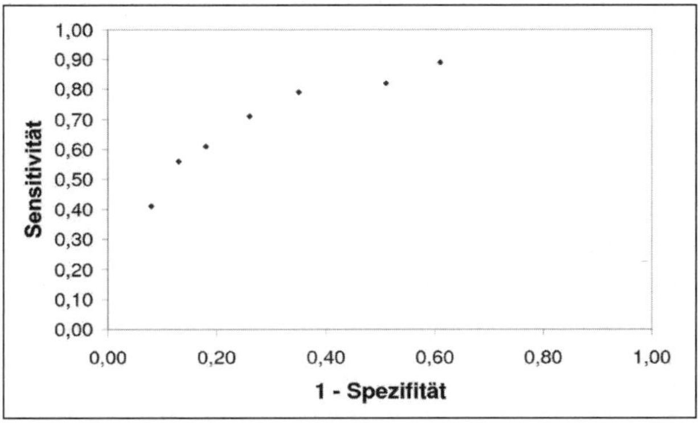

Abb. 2.12: Kurve der Charakteristika für den steuernden Anwender

Werte, die sich wie in Abbildung 2.13 nahe an der Diagonale befinden, sind ein Hinweis auf Zufallsergebnisse. Diese Diagonale ist ein theoretisches Optimum, bezogen auf eine Einigung aus Treffer- und Fehlerquote, also falsch positive bzw. negative Ergebnisse. Abbildung 2.14 entspricht schon mehr den Erwartungen und zeichnet eine größere Fläche ab.

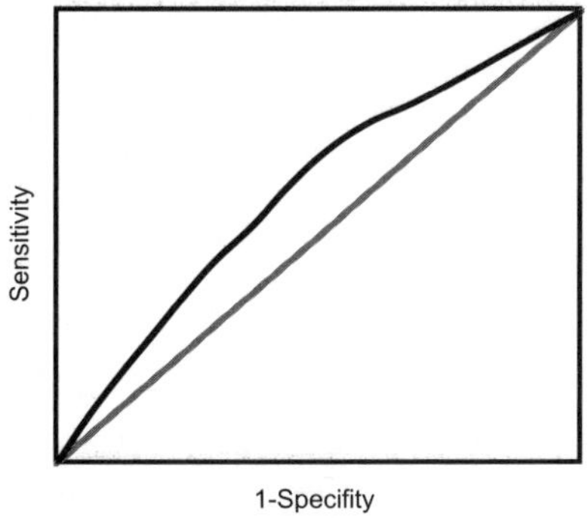

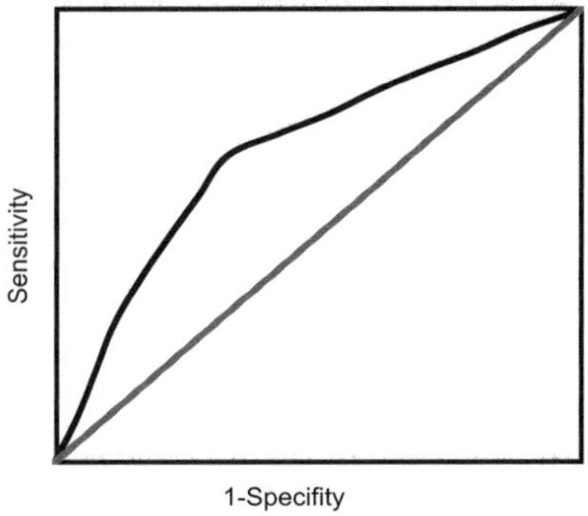

Abb. 2.13: ROC-Kurve für Zufallsergebnisse *Abb. 2.14: ROC-Kurve im optimalen Verlauf*

Aus einer Studie

Das asbestkorrelierte Karzinom Pleuramesotheliom (Pleura = Brustfell) weist eine Überlebenszeit von 8–18 Monaten auf. Ausgehend von der Fragestellung, ob der Biomarker Osteopontin (Protein) eine Differenzierung

zwischen einem Pleuramesotheliom und einer asbestinduzierten Lungenerkrankungen zulässt, wurden 69 Personen mit Asbestose, 45 Personen ohne Asbestexposition und 76 Personen mit operativ bestätigtem Pleuramesotheliom in die Untersuchung mit einbezogen.
Die Bestimmung des Osteopontinwertes erfolgte im Tumorgewebe immunhistochemisch und im Serum mittels ELISA.
Folgende ROC-Kurven sind entnommen aus: Pass, Harvey I. et al. (2005). Asbestos Exposure, Pleural Mesothelioma and Serum Osteopontin Levels. The New England Journal of Medicine, 353, 1564–1573).

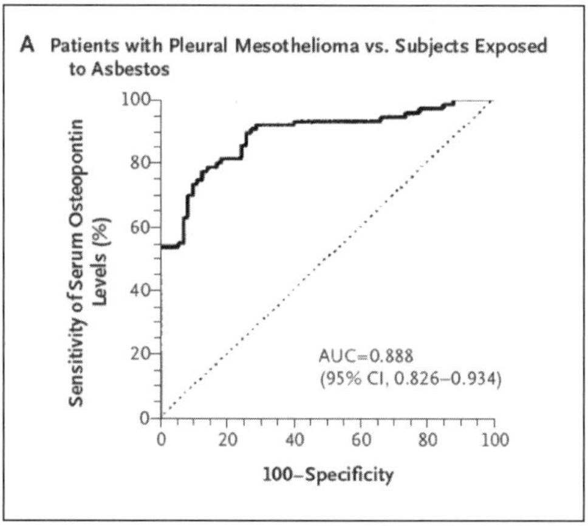

Abb. 2.15: Patients with Pleural Mesothelioma vs. Subjects Exposed to Asbestos
„ROC analyses comparing the subjects with exposure to asbestos with patients with pleural mesothelioma showed an AUC of 0.888 (95 percent confidence interval, 0.826 to 0.934). Figure A"

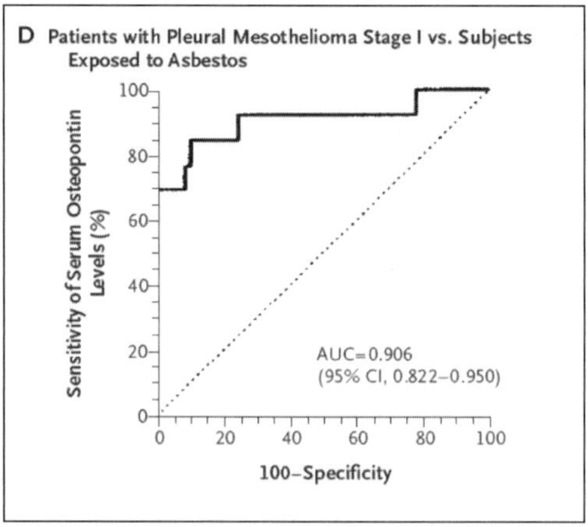

Abb. 2.16: Patients with Pleural Mesothelioma Stage I vs. Subjects Exposed to Asbestos
„Sensitivity and Specificity of Serum Osteopontin for Distinguishing Patients with Pleural Mesothelioma from Subjects with Asbestos-Related Nonmalignant Disease.
Subgroup analyses showed that the AUC values for patients with stage I, those with stage II, those with stage I or II, and those with stage III pleural mesothelioma were 0.906, 0.925, 0.917, and 0.865, respectively, as compared with subjects with exposure to asbestos. A cutoff value of 48.3 ng of osteopontin per milliliter (sensitivity of 77.6 percent and specificity of 85.5 percent) had the highest accuracy (minimal false negative and false positive results) for confirming mesothelioma.
FIGURE D"

Die Güte bzw. Qualität des eingesetzten diagnostischen Verfahrens kann durch die Fläche unter der ROC-Kurve (AUC – area under the curve) quantifiziert werden. Die Werte sind mit AUC = 0,888 für A und AUC = 0,906 für D in beiden Beispielen sehr hoch. Ein Wert nahe dem Wert 1 ist erstrebenswert, da dies der Beweis dafür ist, dass falsche Befunde mit sehr hoher Wahrscheinlichkeit ausgeschlossen werden können. Die Zuordnung von krank oder gesund geschieht nicht zufällig.
Zur Beantwortung der Fragestellung, ob es nun mit dem Serumspiegel Osteopontin möglich ist, zwischen Personen zu unterscheiden, die ein asbestinduziertes Lungenkarzinom (Asbestmesothelium) erworben haben, und jenen, die zwar mit Asbest in Kontakt gekommen sind, jedoch kein asbestbezogenes Karzinom entwickelt haben, wurde in der Studie folgende Zugangsweise verfolgt: Der Anteil der Personen mit falsch negativen bzw. falsch positiven Ergebnissen im Test soll möglichst niedrig gehalten werden. An dieser Abwägung des Anteils der falsch diagnostizierten Personen orientieren sich die inhaltlich festgelegten Trennwerte (Cut-off-Werte). Dabei ist es wichtig, die richtige Balance zwischen Sensitivität und Spezifität zu erzielen, da beide so hoch als möglich bleiben sollen. In den beiden Gruppen konnten unterschiedliche Werte festgelegt werden – sie unterscheiden sich dahingehend, dass ein niedrigerer Cut-off-Wert von 48,3 ng Osteopontin pro Milliliter (Sensitivität: 77,6 % und Spezifität: 85,5 %) in der Gruppe der Personen ohne Karzinom und ein höherer Cut-off-Wert von 62,4 ng pro Milliliter (Sensitivität: 84,6 % und Spezifität: 88, 4 %; siehe Abbildung 2.13) bei Patienten mit Mesotheliom (Stadium 1) erzielt werden konnte. Damit kann bewiesen werden, dass die Unterscheidung der beiden Gruppen (Personen, die durch die Asbestexposition ein Karzinom entwickelt haben, und jenen, die keine Tumorerkrankung der Lunge haben) möglich ist. Diese Unterscheidung basiert auf der Variationsmöglichkeit der unterschiedlichen Schwellenwerte.

3 Die Beurteilung der Qualität von Studien

Um welches Problem geht es in diesem Kapitel?

Der britische Arzt Ian Chalmers berichtet von einer denkwürdigen, aber eigentlich recht typischen Begebenheit (Evans et al. 2008): Nach einem Knöchelbruch begab er sich in den USA in Behandlung zu einem Orthopäden, der ihm eine Notschiene anlegte und empfahl, nach Rückgang der Schwellung einen Unterschenkel-Gips über einen Zeitraum von sechs Wochen zu tragen. Einige Tage später, nach seiner Rückkehr, suchte Chalmers das Spital an seinem Heimatort auf, wo das Tragen eines Gipses als völlig ungeeignete Maßnahmen verworfen wurde.

Es wäre schön, wenn die moderne Medizin eine exakte Naturwissenschaft wäre ... Allerdings: Gäbe es keine unterschiedlichen Meinungen und individuellen, auf Erfahrung beruhenden Zugänge, könnten medizinische Diagnose- und Therapiecomputer einen Großteil der Arbeit von den Ärzten übernehmen! Tatsache ist, dass verschiedene Ärzte oftmals unterschiedliche Meinungen vertreten und dass – daraus resultierend – Behandlungsempfehlungen auch sehr unterschiedlich aussehen können. Als Patienten sind wir Konsumenten von Dienstleistungen, und ich möchte behaupten: Kein Konsument soll sich kritiklos auf einen Anbieter, egal ob Klinischer Psychologe, Physiotherapeut, Arzt, Logopäde, Ergotherapeut etc., verlassen.

In diesem Kapitel geht es **nicht** darum, ob bzw. wie Sie als Patient mit widersprüchlichen ärztlichen Informationen umgehen können. Es geht darum, wie Sie als Angehöriger eines medizinischen Berufes und Leser wissenschaftlicher Publikationen Entwicklungen und Errungenschaften der Evidence-based Medicine nutzen und sich dadurch besser zurechtfinden können, wenn Sie die Qualität einer Studie beurteilen sollen. Das ist wahrlich ein äußerst herausforderndes und schwieriges Unterfangen, welches sehr viel Fachwissen und Beharrlichkeit verlangt. Dennoch: Auch ohne den Anspruch der Perfektion ist es möglich, durch die Beachtung einiger Kriterien die relevantesten Faktoren einer Studie zu erfassen und einigermaßen nachvollziehbar zu bewerten. Die Bewertung einer Studie bleibt zudem stets in gewissem Maße subjektiv, das heißt, eine perfekte Urteilerübereinstimmung ist nicht zu erreichen.

Wenn Sie dieses Kapitel gelesen haben, können Sie folgende Fragen beantworten:

Auf welche Faktoren einer Studie ist besonders zu achten?
Welches sind die häufigsten Studiendesigns?
Was versteht man unter Evidenzhierarchie?

Schlüsselbegriffe

Evidence-based Medicine, EBM, Evidenz, Randomisierung, Baseline-Charakteristiken, QUOROM-Statement, CONSORT-Statement, PRISMA

In den letzten Jahren wurden und werden zunehmend Diskussionen geführt, die auf eine mögliche Verbesserung des Patientenwohls durch Fokussierung auf evidenzbasierte Behandlungen abzielen. EBM, die Evidence-based Medicine, ist der „gewissenhafte, ausdrückliche und vernünftige" Gebrauch der gegenwärtig besten externen, wissenschaftlichen Evidenz für Entscheidungen in der Versorgung individueller Patienten (siehe beispielsweise Schumacher/Schulgen 2002). Es soll individuelle klinische Expertise mit den Ergebnissen systematischer Forschung und den Wünschen sowie individuellen Ansprüchen der Patienten verknüpft werden, beruhend auf der Annahme, dass weder die klinische Expertise noch die wissenschaftliche Forschung für sich alleine ausreichen: Wissenschaftliche Evidenz darf nicht das einzige Kriterium sein, zumal klinische Studien stets auf Statistiken beruhen, und diese sind auf den konkreten Einzelfall möglicherweise nicht übertragbar. Zum anderen jedoch riskiert ein Mediziner, der nicht auf aktuelle medizinische Evidenz zurückgreift, zum Nachteil des Patienten zu agieren, vor allem, weil sich das medizinische Wissen rasch weiterentwickelt und bisherige Strategien in der Behandlung möglicherweise nicht mehr dem State of the Art entsprechen.

Ein Teilbereich der EBM beschäftigt sich mit der Frage, wie klinische Studien hinsichtlich ihrer Qualität möglichst transparent und damit nachvollziehbar beurteilt werden können. Im Folgenden geht es nicht um systematische Übersichten oder gar Metaanalysen. Es geht darum, was Sie als interessierter Leser einer Publikation auf jeden Fall beachten sollten, um diese anhand nachvollziehbarer Kriterien einigermaßen standardisiert hinsichtlich deren Qualität beurteilen zu können. Je nach dem Design der Studie sind bestimmte und teilweise verschiedene Merkmale zur Qualitätsbeurteilung benennbar.

Jeder, der eine derartige Qualitätsbeurteilung durchführen möchte, steht vor einem grundlegenden Problem, das kaum lösbar ist: Die Studie liegt zumeist in Form einer Publikation in einem wissenschaftlichen Journal vor, und es ist naturgemäß nur eine Auswahl an Informationen vorhanden, anhand derer diese Beurteilung erfolgen soll. Dazu kommt, dass die Autoren in der Regel bestrebt sind, die Studie in einem günstigen Licht zu präsentieren. Man bewegt sich auf einem schmalen Grat, wo man sich entscheiden muss zwischen (zu) hohen Ansprüchen an die Qualität und der Einsicht, dass das Ideal im Rahmen der vorhandenen Möglichkeiten auch im Bereich klinischer Studien praktisch nie erreicht wird. Sortiert man alle Studien aus, die in der einen oder anderen Hinsicht mangelhaft sind, bleiben kaum welche übrig.

3.1 Hierarchie der Evidenz: Studiendesigns

Üblicherweise werden Studien in ein hierarchisches System eingegliedert, um deren unterschiedliche Bedeutung zur Gewinnung valider Aussagen auszudrücken. Derartige Hierarchien sind weder einheitlich akzeptiert noch unproblematisch. Selbstverständlich sind Einzelfallstudien oder Expertenmeinungen anders zu gewichten als methodisch und inhaltlich korrekt durchgeführte randomisierte kontrollierte Studien. Doch sollte man sich davor hüten, etwa eine Kohortenstudie unreflektiert als höherwertig zu betrachten als eine Prävalenzstudie, bloß weil man ein Hierarchieschema gesehen hat, in welchem die Kohortenstudie natürlich über der Prävalenzstudie (= Querschnittstudie) angesiedelt ist. Zu diesem Problem schreibt Trisha Greenhalgh (2003, S. 81): „Aber nicht einmal der entschiedenste Verfechter der evidenzbasierten Medizin würde eine schlampig durchgeführte Meta-Analyse oder randomisiert-kontrollierte Studie mit schwerwiegenden methodischen Schwächen einer großen, gut angelegten Kohortenstudie vorziehen.“ Hier wird ein grundsätzliches Problem deutlich: Der Wert einer Studie kann nicht einfach aufgrund einer theoretischen Eignung bzw. hierarchischen Eingliederung des Designs bestimmt werden.

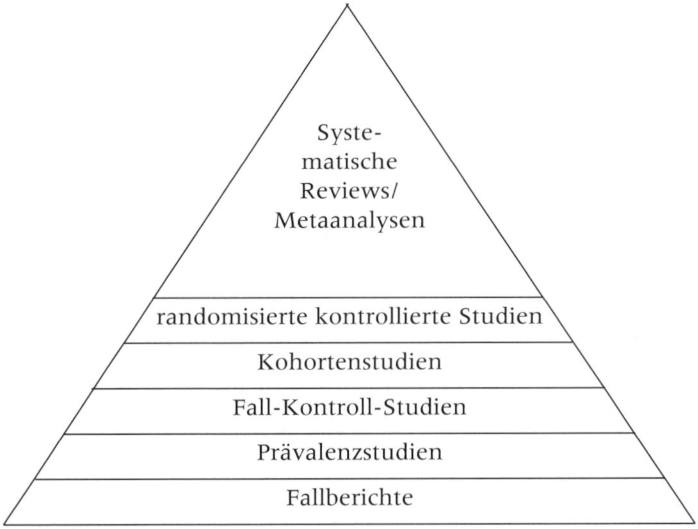

Abb. 3.1: Evidenzhierarchie: Ein Beispiel

Dennoch liegt in einer Designhierarchie wie der in Abbildung 3.1 dargestellten auch etwas grundsätzlich Richtiges. Aussagen, die aufgrund eines Einzelfalles oder einer Expertenmeinung getroffen werden, sind wissenschaftlich anders zu bewerten als etwa ordentlich durchgeführte Fall-Kontroll-Studien oder RCTs. Man darf jedoch nie den Kontext, wie beispielsweise die Art der untersuchten Erkrankung oder die angewandte Methodik, außer Acht lassen.

Es wurden viele Kriterien formuliert, welche zur Beurteilung von Studien im Einzelnen heranzuziehen sind. Institutionen aus dem Bereich der Evidence-based Medicine, wie die Cochrane Collaboration[1] oder CONSORT[2], bieten Orientierungshilfen (Checklisten) an, wie Studien in Abhängigkeit von deren Design beurteilt werden können. Zudem haben viele Einrichtungen, wie etwa Spitäler, eigene Checklisten für den internen Gebrauch entwickelt.

1 http://www.cochrane.de
2 http://www.consort-statement.org/home/

Prävalenzstudie (Querschnittserhebung)

Bei einer Prävalenzstudie oder Querschnittserhebung werden verschiedene Variablen gleichzeitig erhoben, zum Beispiel: Sind die Befragten in einem bestimmten Therapieprogramm UND wie stark sind ihre Schmerzen auf einer Schmerzskala. Mit diesem Studiendesign sind Zusammenhänge (Korrelationen) erfassbar, zum Beispiel der Art: Je länger jemand die Therapie X erhält, desto geringer sind die subjektiv empfundenen Schmerzen. Bei der Querschnittserhebung fehlt das experimentelle Design, weshalb kausale Zusammenhänge nicht geschlussfolgert werden können. Vielleicht kennen Sie das berühmte Storchenbeispiel: Es gibt einen empirisch beobachtbaren Zusammenhang zwischen der Anzahl von Störchen in einer Region und der Häufigkeit von Geburten (bei den menschlichen Bewohnern, nicht den Störchen!). Dieser Zusammenhang beruht jedoch auf dem Wirken einer Drittvariablen, der Jahreszeit. Von März bis Oktober kommen für gewöhnlich mehr Kinder zur Wert als im Rest des Jahres, und gleichzeitig halten sich auch mehr Störche in der Nähe auf: Sie verlassen Mitteleuropa im Herbst und bleiben bis Frühlingsbeginn weg. Aus der Korrelation „je mehr Störche, desto mehr Geburten" kann man keine kausalen Schlüsse ziehen, es handelt sich um eine Querschnittserhebung.

Prävalenzstudien sind wertvoll „für einen Überblick im Gesundheitswesen. Wichtig [sind] sie auch zum Generieren ätiologischer Hypothesen (Faktor – Krankheit)" (Hilgers et al. 1998, S. 203).

Fall-Kontroll-Studie

Fall-Kontroll-Studien werden oftmals dann durchgeführt, wenn es um die Untersuchung seltener Krankheiten oder um Krankheiten geht, bei denen von der „Ansteckung" bis zum Ausbruch ein langer Zeitraum vergehen kann. Einem Fall wird eine in wesentlichen Merkmalen vergleichbare Kontrolle (oder auch mehrere Kontrollen) zugeordnet.

Ein Beispiel: Es soll untersucht werden, ob die Einnahme der „Pille" mit dem Auftreten von Brustkrebs assoziiert ist. Dass sich hier eine Randomisierung verbietet, versteht sich von selbst: Man kann die Studienteilnehmerinnen nicht zufällig einer der beiden Bedingungen „Nimmt orales Kontrazeptivum"/„Nimmt kein orales Kontrazeptivum" zuordnen. Also ordnet man Patientinnen, die bereits Brustkrebs haben, Frauen zu, die nicht an Brustkrebs leiden, aber hinsichtlich definierter wesentlicher Merkmale den erkrankten Patientinnen vergleichbar sind. Solche Merkmale könnten sein: Alter, berufliche Tätigkeit, Wohnort etc. Wenn sich dann herausstellt, dass in diesen beiden Gruppen („Brustkrebs“ versus „kein Brustkrebs“) ansonsten gut vergleichbarer Patientinnen der Pillengebrauch ungefähr gleich war, so würde dies dafür sprechen, dass die Einnahme eines oralen Kontrazeptivums nicht mit der Entstehung von Brustkrebs assoziiert ist – bei aller Vorsicht hinsichtlich kausaler Interpretationen, welche bei Fall-Kontroll-Studien grundsätzlich nicht möglich sind. Aber Fall-Kontroll-Studien sind geeignet, „ätiologische Hypothesen für seltene Krankheiten zu prüfen oder Krankheiten mit langer Induktionsperiode“ (Hilgers et al. 1998, S. 199).

Kohortenstudie

Unter einer Kohorte versteht man eine definierte Bevölkerungsgruppe, die sich hinsichtlich bestimmter Merkmale von anderen unterscheidet. Solche Merkmale können Geburtsdaten, biografische Ereignisse wie Scheidungen etc. oder ein bestimmter Lebensstil (Raucher, Nichtraucher) sein. Man vergleicht eine Gruppe von Personen, die einem Risiko ausgesetzt sind, mit einer Gruppe von Personen, die dieses Risiko nicht haben. Zum Zeitpunkt der Aufnahme in die Kohorte darf keine Person an der interessierenden Krankheit bzw. Störung leiden.

Kohortenstudien sind zumeist prospektiv. Aus den Neuerkrankungsraten innerhalb der Beobachtungsdauer können dann Maßzahlen wie das relative Risiko (RR; siehe Kap. 2.2.2) oder die Odds Ratio (OR; siehe Kap. 2.2.1) berechnet werden. Ein Problem bei Kohortenstudien ist das Confounding, die Vermengung und gegenseitige Beeinflussung von Störgrößen.

Kausale Schlüsse sind bei einer Kohortenstudie nicht oder nur in sehr eingeschränktem Maß zulässig. Der Hauptgrund dafür ist darin zu sehen, dass eine randomisierte Zuteilung wie bei einer RCT nicht möglich ist: Möchte man beispielsweise Raucher mit Nichtrauchern vergleichen und das Auftreten von Lungenkrebs untersuchen, können die Studienteilnehmer nicht randomisiert einer dieser beiden Bedingungen zugeordnet werden – ob jemand zum Zeitpunkt der Aufnahme in die Studie Raucher oder Nichtraucher ist, steht bereits fest und kann nicht erzwungen werden.

Randomisierte kontrollierte Studie (RCT)

Randomisierte kontrollierte Studien zeichnen sich dadurch aus, dass sie noch am ehesten den Charakter eines klassischen Experiments aufweisen. Im einfachsten Fall werden Personen per Zufall (randomisiert) einer Interventions- und einer Kontrollgruppe zugewiesen, sodass sich die beiden Gruppen nur hinsichtlich der Intervention unterscheiden. Reine placebokontrollierte Studien sind heutzutage eher selten, da zumeist Behandlungsmöglichkeiten vorhanden sind, sodass es ethisch nicht vertretbar wäre, diese den Patienten der Kontrollgruppe vorzuenthalten. Die klassische Placebogruppe ist also zumeist einer Vergleichsgruppe gewichen, in dem Sinn, dass entweder ein anderes Präparat oder das zu untersuchende Präparat in anderen Dosierungen oder Darreichungsformen etc. verabreicht wird.

Durch die Randomisierung wird praktisch sichergestellt, dass Selektionseffekte ausgeschaltet werden. Zu Beginn der Studie sollten sich also Interventions- und Kontrollgruppe im Mittel nicht unterscheiden. Dies wird durch die Darstellung der sogenannten „Baseline-Charakteristiken“ gezeigt, wie in Tabelle 3.1[3] zu sehen ist.

Table 1. Baseline Characteristics of the Patients.

Characteristic	Tiotropium (N = 2986)	Placebo (N = 3006)
Male sex (%)	75.4	73.9
Age (yr)	64.5 +/- 8.4	64.5 +/- 8.5
Body-mass index	26.0 +/- 5.1	25.9 +/- 5.1
Smoking status		
Current smoker (%)	29.3	29.9
Smoking history (pack-yr)	49.0 +/- 28.0	48.4 +/- 27.9
Duration of COPD (yr)	9.9 +/- 7.6	9.7 +/- 7.4

Tab. 3.1: Beispiel einer Baseline-Charakteristik

In der Tiotropium-Gruppe (Interventionsgruppe) befanden sich 2.986 Personen, in der Placebogruppe waren es 3.006. Wenn man dann die Variablen betrachtet, sollten sich die Häufigkeitsangaben, Mittelwerte, Streuungen etc.

[3] Tashkin, D. P., Celli, B., Senn, S., Burhart, D., Kesten, S., Menjoge, S. & Decramer, M. (2008). A 4-Year Trial of Tiotropium in Chronic Obstructive Pulmonary Disease. The New England Journal of Medicine, 359(15), 1543–1554.

nicht zwischen diesen beiden Gruppen unterscheiden, da diese Daten ja unmittelbar nach der Randomisierung erhoben wurden, noch bevor also etwas geschehen ist. Ein wenig werden sich die Gruppen auch bei gelungener Randomisierung unterscheiden, denn völlige Gleichheit ist unwahrscheinlich. Zumindest in einem Nachkomma-Bereich werden sich Unterschiede zeigen. Aber blicken wir zunächst auf das Geschlecht: In der Interventionsgruppe waren 75,4 % Männer enthalten, in der Placebogruppe waren es 73,9 %. Der Unterschied ist gering. Hinsichtlich des Alters waren die Gruppen so gut wie identisch. Das mittlere Alter in der Interventionsgruppe betrug 64,5 Jahre bei einer Standardabweichung von 8,4 Jahren versus 64,5 Jahre in der Placebogruppe bei einer Standardabweichung von 8,5 Jahren. Auch der mittlere Body-Mass-Index war nahezu identisch, ebenso der Rauchstatus und die Smoking-History, angegeben in „pack-years". Die durchschnittliche Dauer der COPD (chronisch obstruktive Lungenerkrankung) unterschied sich zwischen den Gruppen zum Zeitpunkt der Randomisierung im Grunde nicht.

Würden sich die beiden Gruppen von Beginn an hinsichtlich relevanter Variablen markant unterscheiden, könnte dies problematisch sein. Denkbar wäre beispielsweise, dass eine längere mittlere Krankheitsdauer (COPD) positive oder negative Auswirkungen auf die Wirksamkeit der zu untersuchenden Substanz hat. Diese Auswirkungen würden dann eben nur die entsprechende Gruppe treffen, wodurch es zu Verfälschungen käme, die möglicherweise nicht der Wirksamkeit, sondern eben anderen Faktoren zuschreibbar sind oder gar nicht erst erkannt werden.

Neben dem Selektionsbias sind noch eine Reihe weiterer Biasquellen denkbar. Die Bedeutung des Selektionsbias liegt vor allem darin, dass der typische Studienpatient kaum noch mit dem typischen Patienten „draußen im Feld" vergleichbar ist, was die Validität, die Übertragbarkeit der Studienresultate, beeinträchtigen oder gar zunichtemachen kann. Greenhalgh (2003) nennt weiters:

- **Performance Bias:** systematische Unterschiede in der geleisteten Versorgung der Patienten
- **Attrition Bias:** systematische Unterschiede zwischen den Vergleichsgruppen, die aufgrund von Studienabbrechern entstehen
- **Detektionsbias:** systematische Unterschiede in der Bewertung der Endpunkte

Oftmals werden zu den Baseline-Charakteristiken inferenzstatistische Tests auf Gruppenunterschiede gerechnet, erkennbar an der Angabe der Signifikanzen (etwa durch „Sternchen“ oder Hinweise wie „$p \leq 0{,}05$“, „s.“ bzw. „n.s.“). Das ist nicht zu empfehlen, denn inferenzstatistische Verfahren sollen ausgehend von einer begründeten Forschungshypothese und sparsam durchgeführt werden (siehe Kap. 1.1). Eine Reihe von Forschungshypothesen der Art „Die Versuchs- und die Kontrollgruppe unterscheiden sich hinsichtlich des Alters“ oder „Die Versuchs- und die Kontrollgruppe unterscheiden sich hinsichtlich des Körpergewichts“ sind nicht sinnvoll, zumal mit der Anzahl der Tests auch die Wahrscheinlichkeit für einen Fehler erster Art ansteigt. Die Qualität des Randomisierungsprozesses beurteilt man anhand der beschriebenen Methoden – deshalb ist es so wichtig, ausreichende Informationen dazu in der Publikation zu berichten.

Im Hinblick auf die Baseline-Charakteristiken ist also anzumerken, dass nicht signifikante Tests nicht den Rückschluss erlauben, die Randomisierung sei erfolgreich gewesen, ebenso wenig wie ein signifikanter Test die Aussage zulässt, die Randomisierung sei fehlgeschlagen. Allerdings ermöglicht die Betrachtung der Basisdaten dem Kliniker, sich ein Bild darüber zu machen, ob und wie relevant die Resultate für einen individuellen Patienten sein können.

Bei einer RCT werden also zumindest zwei Studienarme (Gruppen), im einfachsten Fall eine (Interventions-)Gruppe und eine Placebogruppe, über die Zeit hinweg beobachtet und dann hinsichtlich der interessierenden Variablen statistisch miteinander verglichen. Bei einer RCT sind Kausalschlüsse aufgrund dieses experimentellen Designs möglich.

Metaanalyse

Eine Metaanalyse ist die Zusammenfassung mehrerer Primäruntersuchungen, die sich mit den gleichen Fragen befassen. Es resultieren Metadaten, die mit statistischen Methoden zusammengefasst und ausgewertet werden. Die internationale QUOROM-Arbeitsgruppe (siehe Kap. 3.2) hat eine Checkliste[4] entwickelt, mit deren Hilfe – vergleichbar dem CONSORT-Statement für randomisierte kontrollierte Studien – die Metaanalyse von RCTs in gewisser Weise standardisiert und qualitativ verbessert werden soll. Wie bei einer Pri-

4 http://www.consort-statement.org/mod_product/uploads/QUOROM%20Statement%201999.pdf

märstudie gilt natürlich auch für Metaanalysen, dass die Qualität der Daten – das sind im Fall der Metaanalyse bereits durchgeführte und zumeist auch publizierte Studien[5] – die Qualität des Outputs bestimmt. Ist die Qualität der in die Metaanalyse aufgenommenen Studien mangelhaft, leidet darunter zwangsweise die Qualität der gesamten Metaanalyse. (Es gilt, wie bei jeder empirischen Untersuchung: garbage in – garbage out. Ist die Qualität der Daten schlecht, kann der Output nicht besser sein.) Mit anderen Worten: Eine Metaanalyse muss nicht notwendigerweise wissenschaftlich wertvoller sein als eine einzelne, gut durchgeführte randomisierte kontrollierte Studie.

3.2 Kriterien zur Studienbeurteilung/Checklisten

Der Vorteil von Checklisten liegt u. a. darin, dass das Vorgehen vereinheitlicht und damit nachvollziehbarer wird und dass sich die beurteilende Person gewissermaßen auch darauf verlassen kann, die wesentlichen Kriterien zu berücksichtigen. In die Entstehung von Checklisten wurde oftmals über Jahre hinweg sehr viel Expertenwissen investiert. So berichten Moher et al. (1999) über die Entwicklung von QUOROM (Quality of Reporting of Meta-analyses), dass sich die Arbeitsgruppe aus insgesamt 30 klinischen Epidemiologen, Klinikern, Statistikern, Herausgebern und weiteren Wissenschaftlern zusammensetzte, welche im Rahmen der sogenannten QUOROM-Konferenz jene Items identifizierten, welche in die Checkliste aufgenommen werden sollten. Dabei wurde besonders darauf geachtet, keine Items zu „übersehen", welche das Ergebnis von Metaanalysen in eine bestimmte Richtung verzerren könnten („Bias"). Es resultierten schließlich das QUOROM-Statement, eine Checkliste und ein sogenanntes Flussdiagramm, aus welchem nachvollziehbar ist, wie viele RCTs für die Metaanalyse identifiziert, schließlich eingeschlossen bzw. ausgeschlossen wurden und was die Gründe hierfür waren.

Vor einigen Jahren wurde QUOROM durch PRISMA (Preferred reporting items for Systematic Reviews and Meta-Analyses)[6] ersetzt, welches sich sowohl auf Metaanalysen als auch systematische Reviews bezieht. Doch werfen wir aufgrund seiner immer noch häufigen Verwendung und Verbreitung einen Blick auf das QUOROM-Statement, zunächst auf den Bereich „Abstract" (siehe Abb. 3.2).

5 Auch hier ist natürlich der „publication bias" zu berücksichtigen.
6 http://hiv.cochrane.org/sites/hiv.cochrane.org/files/uploads/PRISMA.pdf

Heading	Subheading	Descriptor
Title		Identify the report as a meta-analysis [or systematic review] of RCTs
Abstract		Use a structured format
		Describe
	Objectives	The clinical question explicitly
	Data sources	The databases (ie, list) and other information sources
	Review methods	The selection criteria (ie, population, intervention, outcome, and study design); methods for validity assessment, data abstraction, and study characteristics, and quantitative data synthesis in sufficient detail to permit replication
	Results	Characteristics of the RCTs included and excluded; qualitative and quantitative findings (ie, point estimates and confidence intervals); and subgroup analyses
	Conclusion	The main results

Abb. 3.2: QUOROM-Statement, Abschnitt „Abstract"

Bei den „Objectives" ist gefordert, die klinische Fragestellung explizit anzuführen. „Data sources" bezieht sich auf die Quellen, aus welchen die Daten stammen, wie zum Beispiel die Fachjournale, welche verwendet wurden. „Review methods": Nach welchen Kriterien wurden die RCTs ausgewählt? Um welche Studienpopulationen, um welche Interventionen, Outcomes und Studiendesigns handelt es sich bei den ausgewählten RCTs? Diese Angaben sollen möglichst genau sein, um – zumindest theoretisch – die Metaanalyse replizieren zu können. Bei den „Results" sollen die wesentlichen Merkmale der ein- und ausgeschlossenen RCTs beschrieben werden, ebenso wie die qualitativen und quantitativen Resultate sowie mögliche Subgruppen-Analysen. Es wird auf sogenannte Punkt- und Intervallschätzer hingewiesen („point estimates and confidence intervals"): Wie Sie in Kapitel 1.8 nachlesen können, haben Intervallschätzer (Konfidenzintervalle) gegenüber Punktschätzern den großen Vorteil, Effektgrößen abschätzen zu können. Die „Conclusion" soll dem Leser erlauben, die Hauptresultate herauszulesen.

Die weiteren Items des QUOROM-Statements sind in der folgenden Tabelle aufgelistet.

Tab. 3.2: Weitere Items des QUOROM-Statements

Introduction		Darstellung des expliziten klinischen Problems, des Grundes für die Intervention
Methods	Searching	Information über die Datenquellen (wie: Datenbanken, Experten etc.) und Restriktionen (Wurden nur bestimme Jahre in der Suche berücksichtigt? Die Studien welcher Sprache(n) wurden mit einbezogen? Etc.)
	Selection	Einschluss- und Ausschlusskriterien
	Validity assessment	Kriterien und Vorgehensweisen, um die Validität beurteilen zu können (wie: Qualitätskontrollen, Verblindungsstrategien etc.)
	Data abstraction	Daten für die Metaanalyse sollten von zumindest zwei unabhängigen Autoren abstrahiert werden, um die Unabhängigkeit (letztlich auch der Schlussfolgerungen) beurteilen zu können.
	Study characteristics	Welches Studiendesign wurde angewandt? Charakteristika der Teilnehmer, Definition der Outcomes etc.
	Quantitative data synthesis	Wie und welche Effekte wurden gemessen (z. B.: relatives Risiko)? Wie wurde mit fehlenden Werten umgegangen? Wurden Subgruppen-Analysen durchgeführt? Etc.
Results	Trial flow	Die Darstellung des Verlaufs (beginnend mit den Studien, welche für die Metaanalyse gescreent wurden, bis zu jenen, welche letztlich für die Analysen verwendet wurden) ist essenziell (siehe Abb. 3.4).
	Study characteristics	Informationen wie Durchschnittsalter, Stichprobengröße, Dosierung, Dauer, Follow-up-Periode sollen für jede aufgenommene Studie angegeben werden.
	Quantitative data synthesis	Es sollen zusammenfassende Resultate präsentiert werden (für jede Gruppe in jedem Trial pro primärem Outcome). Optimalerweise erlauben diese Angaben die Berechnung von Effektstärken und Konfidenzintervallen.
Discussion		Zusammenfassung der Hauptresultate und Interpretation der Resultate im Kontext der verfügbaren Evidence. Es sollen auch mögliche Biasquellen im Rahmen des Review-Prozesses (wie beispielsweise der Publikationsbias) beschrieben sowie mögliche künftige Forschungsvorhaben diskutiert werden.

Ein Flussdiagramm stellt in übersichtlicher Weise dar, wie der Prozess vom Screening möglicher Patienten (oder wie im Fall der Metaanalyse: Studien) bis zu jenen, welche in die abschließende Auswertung aufgenommen wurden, abgelaufen ist (siehe Abb. 3.3).

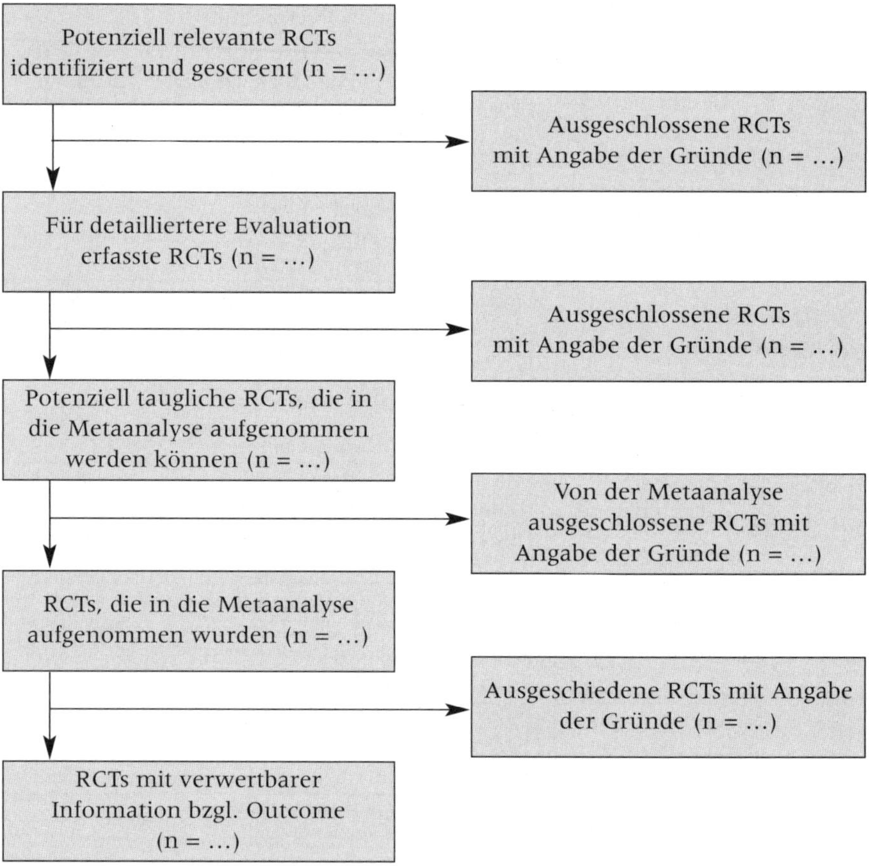

Abb. 3.3: Flussdiagramm (nach Moher et al. 1999, adaptiert)

Das QUOROM-Statement besteht also aus insgesamt sechs Bereichen („headings“: Title, Abstract, Introduction, Methods, Results, Discussion) mit insgesamt 14 Unterbereichen („subheadings“). Wenn eine Metaanalyse diesem Schema folgend publiziert wird, erhöht sich die Qualität der Arbeit und der

Leser kann die wesentlichen Punkte nachvollziehbar, in vereinheitlichter Form rezipieren.

Wissenschaftliche Arbeiten sollen in gewisser Weise systematisch, strukturiert und vor allem kritisch gelesen werden. Checklisten unterstützen beim Finden und Formulieren kritischer Fragen. Müllner (2005) nennt u. a. folgende Fragen, die für jede Studie gelten[7]:

- Ist das Ziel der Studie eindeutig beschrieben?
- Wer genau wurde untersucht?
- Gibt es eine Erklärung für die Wahl der Stichprobengröße?
- Sind die verwendeten Messmethoden gültig und zuverlässig?
- Beschreiben die Autoren den Umgang mit fehlenden Werten?
- Sind die statistischen Methoden ausreichend beschrieben?
- Stimmen die Zahlen, wenn man sie kontrolliert (je nach Kontext beispielsweise addiert oder – falls möglich – die Odds Ratio selbst berechnet)?
- Wurden konkrete p-Werte und/oder Konfidenzintervalle angegeben?
- Was bedeuten die Hauptresultate (für den einzelnen Patienten, für die frei praktizierenden Ärzte, die Spitalseinrichtung etc.)?
- Wie wurde mit Subgruppen-Analysen umgegangen? (Wurden diese vorher bereits definiert und entsprechend statistisch behandelt?)
- Wurden auch „negative“ Ergebnisse berichtet, und wenn ja: Wie wurden diese interpretiert?
- Wie verhalten sich die Ergebnisse zu bereits veröffentlichten Resultaten, und wurden die in der Studie berichteten Ergebnisse einer kritischen Reflexion unterzogen (z. B. Einschränkungen der Gültigkeit aufgrund des Studiendesigns oder aufgrund besonderer Vorkommnisse)?

Während QUOROM für Metaanalysen Verwendung findet, bezieht sich das CONSORT-Statement auf die Planung, Präsentation und damit auch die (spätere) Beurteilung randomisierter klinischer Studien.

Es gilt (immer noch), dass eine nicht unerhebliche Anzahl von RCTs und anderen klinischen Studien nur in unzureichender Weise publiziert werden, wodurch die Beurteilung der Qualität erschwert oder verunmöglicht wird. Hopewell et al. (2010) zeigen auf, dass im Jahr 2000 nur rund 45 % der in der

[7] Die Fragen wurden für diese Auflistung teilw. etwas modifiziert.

Datenbank PubMed indizierten Trials einen primären Endpunkt definiert hatten, im Vergleich zu rund 53 % im Jahr 2006, was natürlich eine Verbesserung bedeutet; dennoch fehlte dieser auch im Jahr 2006 noch bei fast jeder zweiten Studie (siehe Tab. 3.3, in der noch weitere Faktoren wie die „sample size calculation“ oder die Verblindung im Vergleich 2006/2000 angeführt sind).

Tab. 3.3: Vergleich von RCTs aus den Jahren 2000 und 2006

	Events/Total	
Subgroup	**PubMed 2006**	**PubMed 2000**
Primary outcome	324/616	232/519
Sample size calculation	279/616	142/519
Sequence generation	209/616	109/519
Allocation concealment	156/616	94/519
Blinding	160/616	148/519

„Critical appraisal of the quality of clinical trials is possible only if the design, conduct, and analysis of RCTs are thoroughly and accurately described in the report. Far from being transparent, the reporting of RCTs is often incomplete, compounding problems arising from poor methodology“, so das Resümee von Hopewell et al. (2010). Es ist ja auch einleuchtend: Die beste und wertvollste Erkenntnis nutzt nichts, wenn sie nicht nachvollziehbar kommuniziert und verbreitet wird.

Das CONSORT-Statement wurde erstmals im Jahr 1996 publiziert, 2001 überarbeitet und liegt nun aktuell als „CONSORT 2010 Statement“ vor. Es besteht aus sechs Bereichen (Title and Abstract, Introduction, Methods, Results, Discussion und Other information) und 25 Items, welche zumeist aus mehreren Teilen bestehen.

Im Folgenden werden die Items der Reihe nach vorgestellt und besprochen.[8]

[8] Wenn nicht anders angegeben, orientiert sich die Darstellung und Erläuterung sehr stark an Moher et al. (2010). Dort finden Sie auch zu jedem Item Beispiele aus Studien.

1a Identification as a randomised trial in the title

Eine RCT sollte bereits im Titel als solche identifizierbar sein, da nur dann sichergestellt ist, dass sie als solche indiziert ist. Das Wort „randomised" sollte also enthalten sein. Dem Leser wird dadurch auch die Information gegeben, dass die Studienteilnehmer anhand eines Zufallsverfahrens den Vergleichsgruppen zugeteilt wurden.

1b Structured summary of trial design, methods, results, and conclusions

Dem Abstract kommt in einer Publikation insofern eine besondere Bedeutung zu, als viele Leser dieses benutzen, um überhaupt zu entscheiden, ob sie den gesamten Artikel lesen möchten. Dem aktuellen CONSORT-Statement folgend sollten in einem Abstract auf jeden Fall folgende Items in gut strukturierter Form enthalten sein:

> EMED-Format:
> Im Grunde folgen wissenschaftliche Artikel stets dem sogenannten „EMED-Format", wenngleich einzelne Bezeichnungen durchaus unterschiedlich sein können: EINLEITUNG – METHODEN – ERGEBNISSE – DISKUSSION.

- Kontaktdaten („corresponding author")
- Beschreibung des Untersuchungsdesigns
- Einschlusskriterien
- Geplante Interventionen
- Spezifische Studienziele bzw. Hypothesen
- Klar definierter primärer Outcome
- Prozess der Zuteilung der Patienten (Vergleichsgruppen)
- Verblindung (Patienten, Studienpersonal und Personen, welche Befundungen durchführten)
- Anzahl der randomisierten Patienten
- Recruitment
- Anzahl der Patienten in der Auswertung (für jede Gruppe)
- Für den primären Outcome: Ergebnis für jede Gruppe samt Effektstärke
- Bedeutsame unerwünschte Ereignisse
- Allgemeine Ergebnisinterpretation
- Registrierungsnummer der Studie
- Informationen über Sponsoren

Grundsätzlich ist es nicht ratsam, sich alleine auf das Abstract zu verlassen, da dort Informationen nur in einer sehr komprimierten Form und lückenhaft berichtet werden. Auch ist nicht auszuschließen, dass so manche Information, welche im Abstract recht definitiv klingt, im Artikel von den Autoren – um es euphemistisch auszudrücken – etwas relativiert wird und dass gewisse Informationen, die für die Beurteilung der Studie relevant sind, aus dem Abstract nicht herauszulesen sind (wie beispielsweise Angaben über Einschlusskriterien oder teilnehmende Zentren, ohne deren Kenntnis möglicherweise die Verallgemeinerbarkeit der Schlussfolgerungen nicht ausreichend gut abgeschätzt werden kann).

2a Scientific background and explanation of rationale

In der „Introduction" werden die wissenschaftlichen Hintergründe geschildert, welche letztendlich zur vorliegenden Studie führen und diese begründen. Es soll möglichst umfassend die relevante, rezente Literatur aufgearbeitet und dargestellt werden. Auch widersprüchliche, unklare und nicht eindeutige Befunde sollen im Sinne des wissenschaftlichen Diskurses eingearbeitet werden. Ergebnisse wissenschaftlicher Arbeiten stehen oft im Widerspruch zueinander und dürfen nicht verschwiegen werden, bloß weil sie nicht den Standpunkten der eigenen Arbeit bzw. Arbeitsgruppe entsprechen. Es sollte aus dem „scientific background and explanation of rationale" mit Hinweisen auf relevante Literatur (am besten durch das Zitieren systematischer Reviews, bereits publizierter Studien oder durch argumentierte Hinweise auf das Fehlen solcher Studien) hervorgehen, warum die vorliegende klinische Studie durchgeführt wurde, es also ethisch vertretbar war, Patienten einem potenziellen Risiko auszusetzen.

2b Specific objectives or hypotheses

Optimalerweise werden die konkreten statistischen Hypothesen angeführt, die es im Rahmen der Studie zu testen gilt, etwa in der Form: „Es wurde die Hypothese getestet, dass die Behandlung A die Rate an Neuerkrankungen innerhalb von zwei Jahren um zumindest 15 % senkt." Von Nachteil ist es, wenn der Leser im Text nach den zu testenden Hypothesen suchen muss oder diese in expliziter Form gar nicht erst vorhanden sind.

3a Description of trial design including allocation ratio

Es sollen Informationen über das Studiendesign und den Randomisierungsprozess gegeben werden (wie: placebokontrolliert, doppelblind, 1:1-Randomisierung etc.). Nur etwa die Hälfte der RCTs verfügt über das klassische zweiarmige Parallelgruppendesign. In den anderen Fällen findet man beispielsweise mehrarmige, Crossover- oder faktorielle Designs. Es ist wichtig, dass diese genau beschrieben werden.

3b Important changes to methods after trial commencement, with reasons

In den Studienprotokollen ist genau definiert, wie die Studie ablaufen soll. In der Praxis kommt es jedoch oft vor, dass Änderungen – Abweichungen vom Studienprotokoll – geschehen, weil nicht alle Eventualitäten vorhergesehen werden können. Relevante Abweichungen sollen mitsamt den Gründen berichtet werden.

4a Eligibility criteria for participants

Die Kenntnis der Einschlusskriterien ist wesentlich für die Beurteilung der externen Validität, das heißt der Generalisierbarkeit der Studienresultate. Die übliche Differenzierung zwischen Ein- und Ausschlusskriterien ist im Grunde nicht notwendig, da ein Einschlusskriterium auch als Ausschlusskriterium formuliert werden kann.

4b Settings and locations where the data were collected

Ebenso wie die Einschlusskriterien ist die Kenntnis der Umgebung, in welcher die Daten gesammelt wurden, essenziell für die Beurteilung der Generalisierbarkeit. So ist beispielsweise anzunehmen, dass in Regionen mit schlechter medizinischer Versorgung und Armut der Bevölkerung die Compliance der Patienten höher ist, weil die Teilnahme an der Studie möglicherweise die einzige Chance auf medizinische Betreuung bietet. Es sollen im Fall multizentrischer Studien auch alle teilnehmenden Zentren mitsamt der Anzahl zugewiesener Patienten angeführt werden. Die ökonomische Situation kann beispielsweise einen Einfluss dergestalt haben, dass Studienteilnehmer zu Kontrollterminen nicht erscheinen, weil sie das Zentrum nur unter Schwierigkeiten erreichen können.

5 The interventions for each group with sufficient details to allow replication, including how and when they were actually administered

Jede Intervention am Patienten soll so beschrieben sein, dass sie – zumindest theoretisch – wiederholt werden kann. Deshalb wird gefordert, Angaben auch über den Handelsnamen des Präparats, die Dosierung, die Verabreichungsform (oral, intravenös, subcutan etc.), die Verabreichungszeiten, die Dauer der Einnahme etc. zu machen. Auch sollen allgemeine Angaben wie „die Kontrollgruppe erhielt die übliche Behandlung“ vermieden werden.

6a Completely defined pre-specified primary and secondary outcome measures, including how and when they were assessed

Für gewöhnlich findet man in RCTs nicht nur einen Endpunkt, sondern einen primären sowie weitere, sekundäre Endpunkte, wobei jedoch der primäre Endpunkt als der wichtigste gilt und deshalb auch für die Fallzahlberechnung herangezogen wird. Alle Outcomes, der primäre ebenso wie die sekundären, sollen umfassend definiert und beschrieben sein, sodass sie in anderen Studien in der gleichen Weise benutzt werden könnten. Vorsicht bei der Bewertung ist vor allem dann geboten, wenn in der Publikation in erster Linie sekundäre Endpunkte interpretiert werden und viel Platz einnehmen, da der primäre Endpunkt nicht signifikant war. Ein „klassischer“ Fall wäre, den Fokus auf die Quality of Life zu legen, einen typischen sekundären Endpunkt, der als Surrogatendpunkt viel mehr Spielraum in der Auswertung und Interpretation zulässt als ein harter Endpunkt wie Tod oder Fraktur. Der primäre Outcome, auf dem schließlich auch die Fallzahlschätzung beruht, gilt üblicherweise als der hauptsächlich relevante Endpunkt.

6b Any changes to trial outcomes after the trial commenced, with reasons

Der geplante (ideale) Studienverlauf wird im Studienprotokoll festgelegt, aber es kann einiges geschehen, was Abweichungen erzwingt, wie beispielsweise: Stellt man aus der klinischen Erfahrung heraus und aufgrund einer nachfolgend durchgeführten ersten Inspektion der Daten fest, dass die Verumgruppe im Vergleich zur Placebogruppe Vorteile durch die Behandlung genießt, wäre es ethisch nicht vertretbar, die Studie in der geplanten Form bis zum Ende weiterzuführen. Es sollten in der Publikation alle wesentlichen Änderungen angeführt werden, was oftmals nicht geschieht.

7a How sample size was determined

Wie Sie in Kapitel 1.7 dieses Buches nachlesen können, wird jeder noch so kleine und praktisch unbedeutende Unterschied (oder Zusammenhang) ab einer gewissen Stichprobengröße signifikant, weshalb strikt zwischen der statistischen Signifikanz und praktischen (d. h. klinischen) Relevanz zu unterscheiden ist. Die Aussage „Wir fanden einen statistisch signifikanten Unterschied zwischen der Verum- und Placebogruppe“ ist ohne weitere Informationen, vor allem über die Größe dieses Unterschiedes, praktisch wertlos. Stichproben sollen groß genug sein, um tatsächlich bestehende Effekte in der Population mit ausreichend hoher Wahrscheinlichkeit entdecken zu können (es wird zumeist eine Power von zumindest 80 % zugrunde gelegt), aber nicht so groß, dass klinisch unbedeutende Effekte statistisch signifikant werden. Aus diesem Grund wird die Fallzahl so berechnet, dass ein vorher definierter Mindesteffekt bei gegebener Stichprobengröße signifikant wird. Folgende Faktoren sind für die Fallzahlberechnung notwendig und müssen angegeben sein:

- Klinischer, d. h. praktisch relevanter Mindesteffekt
- Signifikanzniveau Alpha (fast immer sind dies entweder 5 %, 1 % oder 0,1 %)
- Power (zumeist mindestens 80 %)
- Angaben zur Streuung der Outcome-Variable(n)

7b When applicable, explanation of any interim analyses and stopping guidelines

Wenn Interimsanalysen durchgeführt werden, sollten diese bereits im Studienprotokoll definiert sein. Werden mehrere statistische Tests gerechnet, erhöht sich die Wahrscheinlichkeit für falsch positive Ergebnisse, es sei denn, es werden entsprechende Korrekturverfahren angewandt. Interimsanalysen können aber auch aus der Erfahrung heraus notwendig werden (wenn sich etwa im Lauf der Studie herausstellt, dass eine Intervention zum Nachteil der Patienten wirkt, wird man nicht bis zum festgesetzten Ende weitermachen). Es sind jedenfalls die Gründe für Interimsanalysen anzuführen, und auch, ob und welche Korrekturverfahren angewandt wurden, um dem multiplen Testproblem (die Wahrscheinlichkeit, einen Fehler erster Art zu begehen, wird erhöht) zu begegnen.

8a Method used to generate the random allocation sequence

Der Prozess der Randomisierung sollte für den Leser nachvollziehbar sein. Alleinige Angaben wie „Die Patienten wurden per Zufall auf eine der drei Bedingungen aufgeteilt“ sind nicht zufriedenstellend. Der Begriff „random“ sollte einzig und alleine einer wirklich zufälligen Zuteilung vorbehalten sein und nicht für andere Arten der Zuteilung verwendet werden, welche eben nicht sicherstellen, dass es wirklich vom Zufall abhängt, in welche Gruppe ein Patient kommt (wie dies etwa bei der Zuteilung aufgrund des Wochentages, an welchem ein potenzieller Studienteilnehmer in die Ambulanz kommt, oder aufgrund des Geburtstages möglich ist – bei derartigen Zuteilungen ist nicht auszuschließen, dass es zu einem bedeutsamen Bias kommt, etwa weil an Montagen und Dienstagen aus irgendwelchen, vielleicht auch unbekannten Gründen medizinisch andersgeartete „Fälle" erscheinen). Um den Prozess der Randomisierung nachvollziehbar zu machen, sollte dieser genau beschrieben werden, und auch, wer die Randomisierung durchgeführt hat (oft wird dies an externe Stellen übertragen).

8b Type of randomisation; details of any restriction (such as blocking and block size)

Der Randomisierung kommt eine zentrale Rolle zu, wenn man den Nachweis der Effektivität einer Intervention führen will. Auch kann nur durch die Randomisierung sichergestellt werden, dass sich mögliche, auch nicht bekannte Störeinflüsse mehr oder weniger gleichmäßig auf die Vergleichsgruppen verteilen. Es sollte nachvollziehbar beschrieben sein, wie die Randomisierung durchgeführt wurde. Gerade bei kleineren Studien mit einer geringen Anzahl an Testpersonen kann man durch die sogenannte blockweise Randomisierung sicherstellen, dass gleich große Gruppen gebildet werden. Die stratifizierte Randomisierung (Stratum = Schicht, zum Beispiel: stratifiziert nach Geschlecht, um sicherzustellen, dass gleich viele Männer wie Frauen in den Studienarmen vertreten sind) ermöglicht, Untergruppen in allen Studienarmen gleichmäßig zu verteilen.

Ein Beispiel für blockweise Randomisierung (entnommen: Schumacher et al. 2002): Es sollen 90 Patienten zufällig auf drei Behandlungsgruppen A, B und C aufgeteilt werden. Nach jeweils neun Patienten sollen die drei Behandlungen gleich oft vergeben worden sein. Man spricht in diesem Fall von einer Blocklänge von neun. Zunächst erhält jeder Patient eine Zufallszahl; dafür gibt es Tabellen, oder man verwendet einen Zufallsgenerator. Dann bekommen die Zufallszahlen in aufsteigender Reihe Rangplätze (siehe Tab. 3.4). Da die Zufallszahl „04254" die kleinste ist, wird ihr der Rangplatz 1 zugewiesen. Die nächstgrößere Zufallszahl ist jene des Patienten 3, also erhält sie den Rangplatz 2. So geht man vor bis zur größten Zufallszahl, das ist in diesem Beispiel jene, welche dem Patienten 5 zugeordnet wurde. Schließlich werden, wie zuvor festgelegt, die Patienten mit den drei kleinsten Zufallszahlen der Behandlung A, jene mit den mittleren der Behandlung B und jene mit den drei größten Zufallszahlen der Behandlung C zugeteilt. Somit ist sichergestellt, dass nach je neun Patienten alle drei Behandlungen gleich oft zugeteilt wurden.

Tab. 3.4: Beispiel für blockweise Randomisierung

Patient	Zufallszahl	Rang	Behandlung
1	72137	7	C
2	73850	8	C
3	32733	2	A
4	35321	3	A
5	80647	9	C
6	39713	4	B
7	61060	6	B
8	04254	1	A
9	60099	5	B

9 Mechanism used to implement the random allocation sequence (such as sequentially numbered containers), describing any steps taken to conceal the sequence until interventions were assigned

Die Geheimhaltung der Art und Weise, wie die Zuteilung der Patienten geschieht, ist essenziell: Wenn beispielsweise die behandelnden Ärzte wissen, nach welchem Schema die Zuteilung erfolgt, ist nicht auszuschließen, dass – durchaus auch ohne böse Absicht – der Randomisierungsprozess gestört und in letzter Konsequenz die gesamte Studie wertlos wird. Und es darf auch nicht durch die Art der Verpackung oder das Aussehen des Medikaments erkennbar sein, welcher Behandlung dieser Patient nun per Zufall zugeteilt wurde. Die Prozesse der Geheimhaltung sollen genau beschrieben sein.

10 Who generated the allocation sequence, who enrolled participants, and who assigned participants to interventions

Der Prozess der Randomisierung spielt bei einer RCT eine dermaßen zentrale Rolle, dass in der Publikation auch ausgewiesen sein sollte, wer für die Zuteilung verantwortlich war und wie diese genau durchgeführt wurde. Moher et al. (2010) nennen drei Stufen des typischen Randomisierungsprozesses (diese sollten bei der Bewertung besonders beachtet werden – wurden sie ausreichend beschrieben?):

- **Sequence generation:** Zufallsprozesse generieren irgendeine Art von Zufallssequenzen, zumeist Zahlen
- **Allocation concealment:** Art und Weise der Durchführung/Geheimhaltungsstrategien (wie: nummerierte, im Aussehen identische Verpackungen der zu verabreichenden Substanzen oder versiegelte Umschläge, welche die Informationen über die Zuteilung enthalten)
- **Implementation:** Die Patienten müssen die Einschlusskriterien erfüllen, über die Studie informiert werden und ihr Einverständnis erklären („informed consent") und schließlich in die Studie aufgenommen werden. Schließlich muss das Prozedere der Zuteilung bestimmt (beispielsweise durch das Öffnen eines versiegelten Umschlages oder die Anfrage bei einer externen Stelle) und die Intervention administriert werden.

11a If done, who was blinded after assignment to interventions (for example, participants, care providers, those assessing outcomes) and how

Prozesse der Verblindung sollen verhindern, dass beteiligte Personen (Patienten, medizinisches Personal, ev. auch Statistiker in der späteren Phase der Auswertung) durch ihre Kenntnis über Gruppenzuteilungen oder Behandlungen systematische Verzerrungen bewirken bzw. verstärken. Menschen lassen sich, ohne es zu bemerken oder gar zu beabsichtigen, von Werten, Wünschen, Vorstellungen etc. leiten und nehmen so Einfluss auf Entwicklungen bzw. Ergebnisse. Stellen Sie sich vor, Sie als Studienteilnehmer wüssten, dass Sie der Placebogruppe zugeteilt wurden: Welche Auswirkungen hätte das auf Ihre Compliance, Ihre Erwartungen, auf Ihre Bereitschaft, länger in der Studie zu verbleiben?

Da Begriffe wie „single blind" oder „double blind" seitens verschiedener Autoren unterschiedlich definiert werden, ist es basierend nur auf diesen Ausdrücken nicht sicher möglich, nachzuvollziehen, wie Verblindungsprozesse abgelaufen sind. (Zum Beispiel: Bedeutet „double blind", dass Patienten und behandelnde Ärzte gemeint sind, oder Patienten, behandelnde Ärzte und jenes medizinische Personal, welches im Labor die Outcomes erfasst und bewertet hat?) Es ist deshalb notwendig, die Verblindungsprozesse genau zu beschreiben.

11b If relevant, description of the similarity of interventions

Bei Item 11b geht es darum, zu erläutern, wie die äußerliche Gleichwertigkeit der Interventionen sichergestellt wurde (beispielsweise durch gleiches Aussehen und gleichen Geschmack des Vergleichspräparats oder durch die Gleichheit des gesamten Administrationsprozesses). Wenn es notwendig war, bei einzelnen Patienten Ausnahmen im Vorgehen zu machen, sollte dies berichtet werden.

12a Statistical methods used to compare groups for primary and secondary outcomes

> Die Höhe des Signifikanzniveaus ist reine Konvention. Es gibt keine vernünftigen Gründe für die Festsetzung auf 5 %, 1 % und 0,1 %. Warum nicht 4,5 % oder 6 %? Die Kritik an dieser Willkür ist berechtigt, zumal es in der Praxis durchaus vorkommen kann, dass ein einziger Patient oder ein einziger Event über Signifikanz oder Nichtsignifikanz entscheidet.

Grundsätzlich gilt in den meisten Fällen, dass vorhandenes Datenmaterial statistisch unterschiedlich ausgewertet werden kann. Dies reicht von der Behandlung fehlender Werte, dem Umgang mit Protokollverletzungen über Datentransformationen bis zur Auswahl des inferenzstatistischen Testverfahrens. Das CONSORT-Statement fordert, die statistischen Vorgehensweisen so detailliert zu beschreiben, dass sie wiederholt werden könnten, stünden die Originaldaten zur Verfügung. Im Besonderen gilt:

- Für alle relevanten Kennwerte, im Besonderen für den Treatment-Effekt, sollen Konfidenzintervalle angegeben werden.
- Es sollen konkrete p-Werte angegeben werden (z. B.: $p = 0{,}002$, und nicht, wie dies oft geschieht, nur: $p < 0{,}05$).

Oft findet man gemischte p-Wert-Angaben in der Form, dass besonders kleine p-Werte konkret angeführt werden, andere jedoch in der Darstellung $p < 0{,}05$ zu finden sind. Hier liegt der Verdacht nahe, dass letztere Darstellung dann bevorzugt wird, wenn der p-Wert knapp an der Signifikanzgrenze liegt.

Auch ist darauf zu achten, ob abhängige Daten statistisch fälschlicherweise als unabhängig ausgewertet wurden. Liegt dieser Verdacht nahe, etwa weil pro Patient mehrere Messwerte erhoben wurden und in der Publikation kein Hinweis auf die entsprechende statistische Behandlung gegeben wird (es ist möglich, diese Art von Daten durch komplexere Verfahren korrekt auszuwerten), ist besondere Vorsicht geboten.[9]

12b Methods for additional analyses, such as subgroup analyses and adjusted analyses

Subgruppen-Analysen müssen genau begründet werden. Oftmals wurden diese bereits im Vorfeld geplant. Bereits in Item 7b wird im Kontext der Interimsanalysen auf das Problem der Erhöhung des Fehlers erster Art hingewiesen, wenn mehrere inferenzstatistische Testverfahren ohne entsprechende Korrekturen durchgeführt werden. Dies gilt auch für nachträgliche Subgruppen-Analysen. Achten Sie also darauf, ob auf dieses Problem eingegangen wird und ob berichtet wird, dass adäquate Verfahren angewandt wurden. Besonders problematisch sind nachträgliche Subgruppen-Analysen, wenn der Hauptzielparameter nicht signifikant ist, aber in Subgruppen nach Effekten gesucht wird. Derartige Resultate sind sehr oft nicht replizierbar, da es sich um typische Zufallsbefunde handelt.

Ein Beispiel: Der Hauptzielparameter zeigt keinen signifikanten Effekt, also werden reihenweise Subgruppen gebastelt: Männer/Frauen, Jüngere/Ältere (etwa durch Mediansplit: Werte unterhalb des Medians bilden die Jüngeren, Werte oberhalb die Älteren), verheiratet/nicht verheiratet, untergewichtig/normalgewichtig/übergewichtig/adipös etc. Dann überprüft man, ob sich innerhalb dieser Subgruppen signifikante Effekte zeigen. Wie bereits in Kapitel 1.4 ausgeführt, wird man irgendwann einen solchen finden, und dieser wird dann publiziert. Die Wahrscheinlichkeit, dass es sich bloß um einen Zufallsbefund handelt, ist sehr hoch. Sie sehen: Wenn es keine inhaltlich plausiblen und nachvollziehbaren Gründe für Subgruppen-Analysen gibt, sind diese mit höchster Vorsicht zu betrachten.

13a For each group, the numbers of participants who were randomly assigned, received intended treatment, and were analysed for the primary outcome

Patienten können aus den unterschiedlichsten Gründen vorzeitig ausscheiden. Die Kenntnis darüber, und ob sich die „losses to follow up"/„drop outs" (in der Praxis ist die Unterscheidung zwischen diesen Begriffen eher unbedeutend)

[9] Moher et al. (2010) schreiben dazu: „Incorrect analysis of multiple observations per individual was seen in 123 (63%) of 196 trials in rheumatoid arthritis."

zwischen den Vergleichsgruppen unterscheiden, kann bedeutsam sein für die Beurteilung möglicher Verzerrungen der Studienergebnisse. Den besten Überblick über den Patientenfluss gibt ein sogenanntes Flussdiagramm (Flowchart; siehe Abb. 3.4). Wenn Sie das Flussdiagramm betrachten, sehen Sie beispielsweise, dass von den 3.006 Patienten der Placebogruppe 403 ihre Einwilligung zur Teilnahme an der Studie zurückgezogen haben (13,41 %), während es in der Verumgruppe 300 von ursprünglich 2.986 Patienten waren (10,04 %). Wenn es bedeutsam für die Beurteilung der Studie erscheint, sollten derartige Unterschiede weiterverfolgt und in die Studienbewertung mit einbezogen werden.

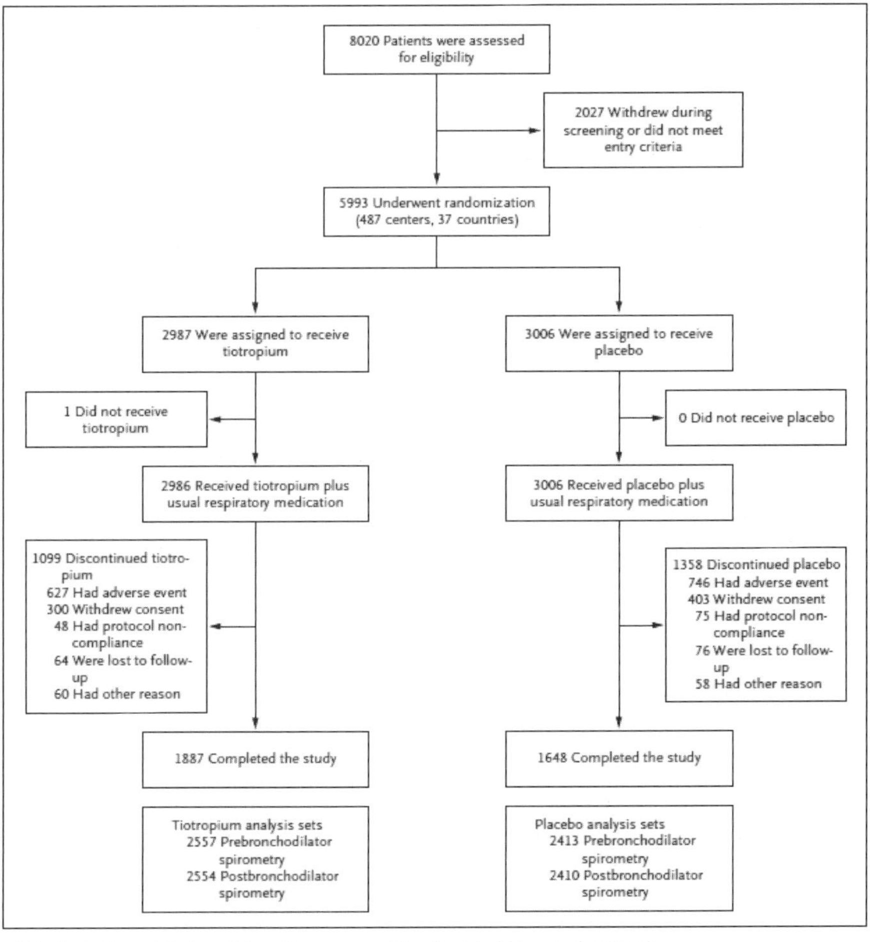

Abb. 3.4: Beispiel eines Flussdiagramms (Quelle: Tashkin et al. 2008)

13b For each group, losses and exclusions after randomisation, together with reasons

Das Item 13b ist nicht wirklich vom Item 13a zu trennen. Es sollten, deutlicher als dies in einem Flussdiagramm möglich ist, die Gründe für Ausschlüsse, Patientenverlust und Protokollverletzungen angeführt werden.

14a Dates defining the periods of recruitment and follow-up

Da sich medizinische Behandlungen und die medizinische Diagnostik laufend ändern, ist die Kenntnis über den Zeitraum der Patientenrekrutierung und über die konkrete Studiendauer möglicherweise von Bedeutung. Nicht bei jeder Studie gibt es einen vorher festgesetzten „letzten" Studientag, jedoch wird praktisch immer zu einem bestimmten Datum das Follow-up der Patienten beendet. Dieses Datum sollte bekannt sein, ebenso wie das Minimum, das Maximum und die mediane Dauer des Follow-ups.

14b Why the trial ended or was stopped

Dieses Item betrifft u. a. das Risiko, welches mit ungeplanten Interimsanalysen zu beliebigen Zeitpunkten verbunden ist. Daten können rein zufällig jederzeit Extreme aufweisen; wird gerade zu einem solch „extremen" Zeitpunkt eine statistische Analyse durchgeführt, führt dies sehr wahrscheinlich zu ungerechtfertigten Schlussfolgerungen. Deshalb kann ungeplanten Analysen, die daraus resultieren, dass die Studie aufgrund unvorhergesehener Ereignisse früher beendet wurde, weniger vertraut werden als statistischen Analysen nach dem geplanten Studienende. „Full reporting of why a trial ended is important for evidence based decision making." (Moher et al. 2010, o. S.)

RCTs können aus folgenden Gründen enden:

- Die berechnete Stichprobengröße wurde erreicht.
- Die geplante Anzahl an Events wurde erreicht.
- Die geplante Follow-up-Dauer wurde erreicht.
- Das festgesetzte Datum des Studienendes wurde erreicht.

Bei den eben aufgezählten Gründen endet die Studie völlig unabhängig von statistischen Ergebnissen, weshalb vermutlich kein „Bias by stopping" auftreten wird. Studien können aber auch aus anderen Gründen beendet werden:

- Interimsanalysen zeigen Benefits oder auch Nachteile (weshalb ein „Weitermachen wie geplant“ ethisch nicht vertretbar wäre).
- Es zeigt sich früher im Studienverlauf, dass keine klinisch bedeutsamen Unterschiede zwischen Versuchs- und Kontrollgruppe auftreten.
- Die Finanzierung kann nicht mehr gewährleistet werden.
- Es können keine Patienten mehr rekrutiert werden.
- Andere Studien liefern Erkenntnisse, die zum Abbruch der Studie führen (müssen).

In den meisten dieser Fälle kann der statistischen Analyse weniger vertraut werden. Die Abschätzung darüber ist jedoch schwierig und bleibt oft spekulativ. In jedem Fall aber sind die Gründe für das Studienende ausführlich zu kommunizieren.

15 A table showing baseline demographic and clinical characteristics for each group

Die Kenntnis der demographischen und klinischen Basis-Charakteristika erlaubt Rückschlüsse darauf, inwieweit die Studienresultate für einen individuellen Patienten gültig sind. Das Ziel randomisierter Studien ist es ja, Unterschiede zwischen den Vergleichsgruppen einzig und allein auf die Intervention zurückzuführen. Bei korrekt durchgeführter Randomisierung sind Unterschiede in den Baseline-Charakteristiken, welche ja nach der Randomisierung, aber noch vor einer Intervention erhoben wurden, höchstwahrscheinlich nur auf den Zufall zurückzuführen, weshalb die Baseline-Charakteristiken nicht als „Erfolgskontrolle für die Randomisierung“ interpretiert werden sollen. Ihre Betrachtung sollte in erster Linie mit dem Ziel erfolgen, festzustellen, wie sehr sich die Probanden der Gruppen ähneln. Bei kontinuierlichen Daten sollen auch Angaben zur Streuung vorhanden sein (Range, Standardabweichung, Quartile).

16 For each group, number of participants (denominator) included in each analysis and whether the analysis was by original assigned groups

Man kann bereits aus einem Flussdiagramm den Studienverlauf ersehen. Dennoch kommt es vor, dass für bestimmte statistische Auswertungen die Anzahl der Patienten schwankt, weshalb für jede Analyse die Anzahl eigens angegeben werden sollte.

Bei der Intention-to-treat-Analyse werden alle randomisierten Patienten in der Gruppe, zu der sie randomisiert wurden, in die statistische Analyse mit einbezogen – unabhängig davon, was später geschieht (wie etwa vorzeitiger Abbruch oder Wechsel in die andere Gruppe). Dieser Ansatz ist sehr pragmatisch und misst die „effectiveness of treatment", also den in der Praxis zu erwartenden Effekt, wo auch nicht immer alles nach Plan läuft (Patienten halten sich nicht an die Vorschriften, wechseln die Behandlung etc.).

Bei der Per-protocol-Analyse (On-treatment-Analyse) werden nicht protokollgemäß behandelte Patienten von der statistischen Analyse ausgeschlossen. Hier wird eher die „clinical efficacy", die rein biologische Wirksamkeit einer Therapie, gemessen. Es handelt sich also mehr um eine Analyse unter Idealbedingungen.

Für die Bewertung ist es wichtig, zwischen der Intention-to-treat- und einer Per-protocol-Analyse zu unterscheiden, da Erstere den rein biologischen Effekt eher unterschätzt und die Per-protocol-Analyse im konkreten Fall möglicherweise zu sehr an Idealbedingungen geknüpft ist.

17a For each primary and secondary outcome, results for each group, and the estimated effect size and its precision (such as 95 % confidence interval)

Es wird gefordert, dass die Resultate aus der statistischen Auswertung getrennt für jede Gruppe berichtet werden, zusätzlich zur Angabe des Effekts. Sind also beispielsweise eine Verum- und eine Placebogruppe vorhanden, so sollen für beide Gruppen die relevanten Informationen wie Stichprobengröße, Anzahl der Probanden mit und ohne Event, Mittelwerte, Streuungen usw. angeführt werden. Oftmals findet man, dass quasi in einem Nebensatz von einem „signifikanten Unterschied zwischen den Untergruppen ‚Tumor kleiner gleich 3 mm' und ‚Tumor größer 3 mm'" berichtet wird, aber es fehlen die konkreten Zahlen. Zusätzlich müssen für alle Effekte (wie: Odds Ratio, Mittelwertunterschiede, Unterschiede im medianen Überleben etc.) die Konfidenzintervalle angegeben werden.

17b For binary outcomes, presentation of both absolute and relative effect sizes is recommended

Wie beim vorigen Item 17a geht es auch hier im Wesentlichen darum, konkrete Zahlen anzuführen – und nicht einfach von einem Effekt zu sprechen. Und zwar sollen neben relativen auch absolute Zahlenangaben gemacht werden. Wie gefährlich beispielsweise die alleinige Angabe der relativen Risikoreduktion ist, wurde bereits im zweiten Kapitel dieses Buches besprochen (siehe Kap. 2.2.3). Seien Sie besonders vorsichtig, wenn bei bestimmten Analysen als Ergebnis nur relative Angaben gemacht werden.

18 Results of any other analyses performed, including subgroup analyses and adjusted analyses, distinguishing prespecified from exploratory

Nachträgliche Subgruppen-Analysen sind, wie bereits mehrfach besprochen, aufgrund des hohen Risikos falsch positiver Befunde äußerst kritisch zu betrachten. (Wir sprechen hier nicht von geplanten Subgruppen-Analysen, die entsprechend statistisch behandelt wurden.) Ein zusätzliches Problem stellt der sogenannte Publikationsbias (siehe Kap. 1.4) dar, nämlich dass in erster Linie signifikante Ergebnisse publiziert werden und die vielen anderen durchgeführten nicht signifikanten Tests in der Schublade verschwinden – von diesen hat, außer den Autoren, niemand Kenntnis. Deshalb wird im CONSORT-Statement gefordert, dass alle Subgruppen-Analysen, ob geplant („prespecified“) oder aus den Daten heraus durchgeführt („exploratory“), berichtet werden.

19 All important harms or unintended effects in each group

Zur Beurteilung einer Studie gehört neben Informationen über positive Effekte natürlich auch die Kenntnis über unerwünschte Ereignisse, weshalb diese möglichst genau beschrieben werden sollen. Auch unerwünschte Ereignisse, die vermutlich nicht direkt mit der Intervention in Verbindung stehen, müssen angeführt werden.

20 Trial limitations, addressing sources of potential bias, imprecision, and, if relevant, multiplicity of analyses

Man kann davon ausgehen, dass auch im Idealfall irgendwann während des Studienverlaufs Ereignisse eintreten, welche zu Einschränkungen der Aussagekraft oder anderen Restriktionen führen. Es sind sehr viele Quellen dafür denkbar, wie: Probleme bei der Rekrutierung der Patienten, der Compliance von Patienten, Ärzten oder weiterem medizinischen oder administrativen Personal, Nichtverfügbarkeit von Instrumenten oder Medikamenten usw. Im Extremfall können derartige Limitationen die Aussagekraft einer Studie vollkommen ruinieren. Als Leser eines Artikels ist es natürlich schwierig, sich eine

Meinung darüber zu bilden, ob wohl alle bedeutsamen Limitationen berichtet wurden. Viele Autoren tendieren dazu, diese zu verharmlosen oder überhaupt nicht zu nennen. Hier ist man als Leser oftmals hilflos.

21 Generalisability (external validity, applicability) of the trial findings

Unter externer Validität versteht man die Übertragbarkeit der Studienresultate auf andere Patienten, also die Generalisierbarkeit. Die Studienteilnehmer sollen möglichst „repräsentativ" sein für die Patientenpopulation. Tatsächlich werden durch die Formulierung von Ein- bzw. Ausschlusskriterien, die Auswahl teilnehmender Zentren und weitere Faktoren bestimmte Populationen künstlich hergestellt. Vor allem anhand dieser Merkmale, des Studiensettings, der teilnehmenden Zentren, der erhobenen Outcomes und der Baseline-Charakteristiken muss abgeschätzt werden, inwieweit die Resultate auf andere Patienten übertragbar sind. Das Item 21 vereint die Inhalte mehrerer anderer Items und spitzt sie zur Frage nach der externen Validität zu.

22 Interpretation consistent with results, balancing benefits and harms, and considering other relevant evidence

Wissenschaftliche Ergebnisse aus empirischen Studien und die daraus abgeleiteten Aussagen stehen oft im Widerspruch zueinander. Allerdings hat sich in den Wissenschaften ein Instrumentarium entwickelt, das – wenn man sich als Wissenschaftler daran hält – ein Mehr an Transparenz und Nachvollziehbarkeit enthält als die meisten anderen Bereiche des Lebens. Zu diesen wissenschaftlichen Vorgaben gehört u. a., dass man im Theorieteil (der Einleitung) sowie in der Diskussion der Arbeit nicht nur jene Publikationen anführt, welche im Einklang mit den eigenen Resultaten stehen, sondern auch Widersprüche und andere Zugänge mit einbezieht. Der wissenschaftliche Diskurs wird durch Heterogenität genährt. Damit Sie als Leser sich einen Überblick verschaffen und eine Meinung darüber bilden können, wie die vorliegenden Resultate relativ zu bisherigen Erkenntnissen einzuordnen sind, sollten die Autoren optimalerweise einen systematischen Review durchgeführt haben.

23 Registration number and name of trial registry

In den letzten Jahren wurde zunehmend gefordert, klinische Studien in öffentlich zugänglichen Verzeichnissen zu registrieren. Eine Reihe von wissenschaftlichen Fachjournalen akzeptiert grundsätzlich nur noch Studien zur Publikation, wenn diese über eine Registrierungsnummer verfügen, welche im Journal zitiert werden muss. Hinter der Forderung nach Registrierung in öffentlich einsehbaren Registern steht auch die Annahme, dass sich aufgrund des dadurch entstehenden Drucks die Studienqualität kontinuierlich verbessern wird und dass mögliche Fehler (früher) erkannt werden.[10]

24 Where the full trial protocol can be accessed, if available

Es wäre ideal, wenn das Studienprotokoll in seiner Gesamtheit verfügbar wäre. Dann könnten nämlich viele relevante Informationen (wie beispielsweise über geplante Subgruppen-Analysen, Signifikanzniveaus, Fallzahlschätzung etc.) in unverfälschter und vollständiger Form eingesehen und beurteilt werden. Diese wären, im Prinzip völlig unkompliziert, auf Webseiten der Journale zugänglich zu machen (siehe beispielsweise das Open-Access-Onlinejournal TRIALS [http://www.trialsjournal.com]).

25 Sources of funding and other support (such as supply of drugs), role of funders

Auch wenn es von manchen Seiten nicht gerne gesehen wird: Studien, die von pharmazeutischen Unternehmen gesponsert werden, führen mit höherer Wahrscheinlichkeit zu Resultaten im Sinne des Sponsors[11] als von anderer Seite finanzierte Studien. Deshalb sollten die Studienautoren die Finanzierungsquellen offenlegen, da sie wichtige Informationen zur Studienbewertung beinhalten können, und es sollte beschrieben sein, worin genau die Rolle des Sponsors (bzw. der Sponsoren) bestand. Nicht notwendigerweise geht es dabei um direkte Geldzuwendungen, andere Formen der Unterstützung können etwa im Zurverfügungstellen von Medikamenten, Geräten oder Dienstleistungen wie Manuskripterstellung oder in der Zurverfügungstellung eines Statistikers für die Datenauswertung liegen.

---

[10] Werfen Sie beispielsweise einen Blick auf: http://www.controlled-trials.com.

[11] „Studies sponsored by pharmaceutical companies were more likely to have outcomes favouring the sponsor than were studies with other sponsors (odds ratio 4.05; 95% confidence interval 2.98 to 5.51; 18 comparisons).“ (Lexchin et al. 2003)

3.3 Eine Checkliste zur Studienbeurteilung selbst erstellen

Die Erfahrung zeigt: Nur wenige Menschen, die regelmäßig Studien lesen, interpretieren oder gar bewerten müssen, haben die Ressourcen oder die Motivation, dafür einige Stunden (pro Studie) aufzuwenden. Das Durcharbeiten einer randomisierten kontrollierten Studie (RCT) anhand aller 25 Items des CONSORT-Statements kann schon sehr zeitaufwendig sein, und zusätzlich ist es oft notwendig, sich bei Kollegen fachlichen Rat zu holen, weil man nicht in allen Bereichen das notwendige Know-how besitzt. Dann geschieht hin und wieder Folgendes: Man liest das Abstract, macht sich einige Notizen am Rand, markiert mit einem Leuchtstift das signifikante Ergebnis und wechselt über zu den Dingen, die heute sonst noch zu erledigen sind. Nach ein paar Tagen oder gar Monaten hat man auch dieses Wenige schon wieder vergessen.

Wir möchten Ihnen im Folgenden einige Anregungen bieten, die es Ihnen erleichtern sollen, sich Ihre eigene (kleine) Checkliste zu erstellen, frei nach dem Motto: „Wenn auch nicht so umfassend wie die ‚Großen', so doch besser als das bisherige Vorgehen", mit anderen Worten: Besser als gar nichts ...

Die Vorteile solch einer Checkliste sind:

- Sie gehen strukturiert vor und wissen auch noch nach Jahren auf den ersten Blick, was Sie getan und wie Sie bewertet haben.
- Sie übersehen, wenn Sie die Liste wohldurchdacht erstellen, keine der wichtigsten Kriterien.
- Sie entscheiden selbst, wie umfassend Sie Ihre Checkliste gestalten wollen.
- Sie passen Ihre Checkliste an Ihre individuellen Bedürfnisse an.
- Sie haben sich im Vorfeld notwendigerweise mit den Kriterien beschäftigt und auf diese Weise zusätzliches Fachwissen erworben.

Wenn Sie mit Ihrer eigenen Checkliste Publikationen bewerten, so handelt es sich dabei wohl nicht um ein streng wissenschaftliches Vorgehen – es sei allen Kritikern und auch dem Kritiker in Ihnen selbst mitgeteilt, dass wir hier etwas nach dem Motto „Wenn auch nicht ideal, optimal, super ... so doch strukturierter, besser, vernünftiger als bisher" anbieten möchten!

Bringen Sie in Ihre Bewertungen all das ein, was Sie aus der Lektüre dieses Buches und anderer Quellen und aus Ihrer bisherigen praktischen Erfahrung wissen.

Als Erstes stellt sich die Frage – und wir befassen uns mit der Bewertung randomisierter kontrollierter Studien –, welche Bereiche auf jeden Fall in Ihrer Checkliste enthalten sein müssen. Trotz der Subjektivität der Auswahl und der berechtigten Kritik daran lautet ein möglicher „Minimalvorschlag" (wenn Sie eine Checkliste für andere Studientypen erarbeiten, gehen Sie im Grunde gleich vor – Sie müssen die Inhalte nur entsprechend den anderen Erfordernissen anpassen):

- Hauptfragestellung
- Validität
- Design, Randomisierung und Verblindung
- Effekt und Fallzahlschätzung
- Outcome
- Interims- und Subgruppen-Analysen
- Interpretation

Sie können die Bewertung beispielsweise anhand einer Schulnotenskala oder mittels der Einschätzungen „gut" – „neutral" – „schlecht" o. Ä. vornehmen („na" steht für „nicht anwendbar", beispielsweise für den Fall, dass eine Interimsanalyse gar nicht durchgeführt wurde und deshalb in die Bewertung nicht eingeht). Es wird nicht einfach sein, zwischen der Kürze der Liste und den Ansprüchen an die Qualität einen Kompromiss zu finden.

Sehen Sie die folgende Liste bitte als Anregung. Fühlen Sie sich frei, die angeführten Stichworte zu ergänzen oder zu streichen, und passen Sie die Liste an Ihre Ansprüche an. Sie können natürlich die Schulnoten auch für die einzelnen Unterpunkte (wie etwa für „1. Validität": Einschlusskriterien, Zentren, Limitationen/Restriktionen) vergeben.

Führen Sie in Sätzen oder stichwortartig an, was Ihrer Meinung nach bei den einzelnen Punkten positiv, was negativ zu bewerten ist. So stellen Sie sicher, dass Sie auch in einigen Monaten Ihre Einschätzungen noch nachvollziehen können. Geben Sie in der Zelle „Bewertung" unterhalb Ihrer Notenvergaben die Seitenzahlen an, wo in der Publikation die Punkte zu finden sind (dort markieren Sie die Stellen am besten mit einem Leuchtstift).

0. Hauptfragestellung	*Erläuterungen: Was ist positiv? Was ist negativ? Hauptfragestellung ausformulieren bzw. abschreiben*	Bewertung
Hauptfragestellung explizit herauslesbar? Wie lautet diese?		na 1 2 3 4 5 Seiten:

1. Validität	*Erläuterungen: Was ist positiv? Was ist negativ?*	Bewertung
1.1 Einschlusskriterien, Zentren, Limitationen/ Restriktionen		na 1 2 3 4 5 Seiten:
1.2 Generalisierbarkeit auf welche Patienten? Biasquellen; Baseline-Charakteristiken		na 1 2 3 4 5 Seiten:

2. Design, Randomisierung, Verblindung	*Erläuterungen: Was ist positiv? Was ist negativ?*	Bewertung
2.1 Welche Vergleichsgruppen (Placebo; andere Präparate; andere Dosierungen; Kombinationen)?		na 1 2 3 4 5 Seiten:
2.2 Design der Fragestellung angemessen?		na 1 2 3 4 5 Seiten:
2.3 Randomisierungsprozess; Wer hat diesen durchgeführt? Wie wurde dieser durchgeführt?		na 1 2 3 4 5 Seiten:
2.4 Verblindungsprozess; offen; blind; doppelblind; Wen genau betraf die Verblindung? Wie genau wurde sie durchgeführt?		na 1 2 3 4 5 Seiten:

3. Effekt und Fallzahlschätzung	*Erläuterungen: Was ist positiv? Was ist negativ?*	Bewertung
3.1 Sind signifikante Effekte praktisch relevant?		na 1 2 3 4 5 Seiten:
3.2 Fallzahlschätzung durchgeführt (Alpha, Power) und beschrieben?		na 1 2 3 4 5 Seiten:

4. Outcome	*Erläuterungen: Was ist positiv? Was ist negativ?*	Bewertung
4.1 Primärer Outcome sign./relevant? absolute Zahlen; Konfidenzintervalle		na 1 2 3 4 5 Seiten:
4.2 Sekundäre(r) Outcome(s) sign./relevant? absolute Zahlen; Konfidenzintervalle		na 1 2 3 4 5 Seiten:

5. Interims- und Subgruppen-Analysen	*Erläuterungen: Was ist positiv? Was ist negativ?*	Bewertung
5.1 Interimsanalysen durchgeführt? begründet; geplant oder ungeplant; Erhöhung Fehler erster Art berücksichtigt?		na 1 2 3 4 5 Seiten:
5.2 Subgruppen-Analysen durchgeführt? begründet; geplant oder ungeplant; Erhöhung Fehler erster Art berücksichtigt?		na 1 2 3 4 5 Seiten:

6. Interpretation	*Erläuterungen: Was ist positiv? Was ist negativ?*	Bewertung
6.1 Schlüssig; in rezente Literatur eingebunden; systematischer Review durchgeführt		na 1 2 3 4 5 Seiten:

Literaturverzeichnis

Agublia, E., Cacacchia, M., Cassano, G. B., Faravelli, C., Ferrari, G., Giordano, P., Pancheri, P., Ravizza, L., Trabucchi, M., Bolino, F., Scarpato, A., Berardi, D., Provenzano, G., Brugnoll, R. & Rozzini, R. (1993). Double-blind study of the efficacy and safety of sertraline versus fluoxetine in major depression. International Clinical Psychopharmacology, 8, 197–202.

Brockow, T., Dillner, A., Franke, A. & Resch, K. L. (2001). Analgesic effectiveness of subcutaneous carbon-dioxide insufflations as an adjunct treatment in patients with non-specific neck or low back pain. Complementary Therapies in Medicine, 9, 68–76.

Edwards, J., Moore, R. & McQuay, H. (2004). Individual patient meta-analysis of single-dose rofecoxib in postoperative pain. BMC Anesthesiol 4(3). doi:10.1186/1471-2253-4-3.

Eriksson, B., Borris, L., Friedman, R., Haas, S., Huisman, M., Kakkar, A., Bandel, T., Beckmann, H., Muehlhofer, E., Misselwitz, F. & Geerts, W. (2008). Rivaroxaban versus Enoxaparin for Thrombophylaxis after Hip Arthroplasty. The New England Journal of Medicine, 358, 2765–2775.

Evans, I., Thornton, H. & Chalmers, I. (2008). Medizin auf dem Prüfstand. Berlin: Medizinisch Wissenschaftliche Verlagsgesellschaft.

Gale, C. R. & Martyn, C. N. (1996). Breastfeeding, dummy use, and adult intelligence. The Lancet, 347, 1072–1075.

Greenhalgh, T. (2003). Einführung in die Evidence-based Medicine. Bern: Hans Huber.

Hatzinger, R. & Nagel, H. (2009). PASW Statistics. Statistische Methoden und Fallbeispiele. München: Pearson Studium.

Hedderich, J. & Sachs, L. (2011). Angewandte Statistik. Methodensammlung mit R. (14., überarbeitete und ergänzte Auflage). Heidelberg: Springer Gabler.

Held, L., Rufibach, C. & Seifert, B. (2009). Einführung in die Biostatistik (4. Auflage). Zürich: Abteilung für Biostatistik, Institut für Sozial- und Präventivmedizin der Universität Zürich.

Hilgers, R. D., Bauer, P. & Scheiber, V. (1998). Biomathematik für Mediziner. Einführung mit Übungen. Köln: Verlag Alexander Mönch & Oliver Haase GbR.

Hopewell, S., Dutton, S., Yu, L. M., Chan, A. W. & Altman, D. G. (2010). The quality of reports of randomized trials in 2000 and 2006: comparative study of articles indexed in PubMed, 340BMJ 2010;340:c723. doi:10.1136/bmj.c723.

Johnson II, T. M., Burgio, K. L., Redden, D. T., Wright, K. C. & Goode, P. S. (2005). Effects of Behavioral and Drug Therapy on Nocturia in Older Incontinent Women. J Am Geriatr Soc., 53(5), 846–850.

Le, T., Wright, E., Smith, D., He, W., Catano, G., Okulicz, J., Young, J., Clark, R., Richman, D., Little, S. & Ahuja, S. (2013). Enhanced CD4+T-Cell Recovery with Earlier HIV-1 Antiretroviral Therapy. The New England Journal of Medicine, 368, 207–217.

Lexchin, J., Bero, L. A., Djulbegovic, B. & Clark, O. (2003). Pharmaceutical industry sponsorship and research outcome and quality: systematic review. BMJ, 326(7400), 1167–1170.

Mayrand, M.-H, Duarte-Franco, E., Rodrigues, I., Walter, S., Hanley, J., Ferenczy, A., Ratnam, S., Coutlee, F. & Franco, E. (2007). Human Papillomavirus DNA versus Papanicolaou Screening Tests for Cervical Cancer. The New England Journal of Medicine, 357(16), 1579–1588.

Mercier, R. J., Garrett, J., Thorp, J. & Siega-Riz, A. (2013): Pregnancy intention and postpartum depression: Secondary data analysis from a prospective cohort. BJOG: An International Journal of Obstetrics and Gynaecology (forthcoming), doi: 10.1111/1471-0528.12255.

Moher, D., Cook, J. D., Eastwood, S., Olkin, I., Rennie, D. & Stroup D. F. (1999). Improving the quality of reports of meta-analyses of randomised controlled trials: the QUOROM statement. The Lancet, 354, 1896–1900.

Moher, D., Hopewell, S., Schulz, K. F., Montori, V., Gøtzsche, P. C., Devereaux, P. J., Elbourne, D., Egger, M., Altman, D. G., for the CONSORT Group (2010). CONSORT 2010 Explanation and Elaboration: updated guidelines for reporting parallel group randomised trial. BMJ, 340:c869.

Motzer, R. J., Hutson, T. E., Tomczak, P., Michaelson, M. R., Bukowski, R. M., Rixe, O., Oudard, S., Negrier, S., Szczylik, C., Kim, S. T., Chen, I., Bycott, P. W., Baum, C. & Figlin, R. A. (2007). Sunitinib versus Interferon Alfa in Metastatic Renal-Cell Carcinomaarcinoma. The New England Journal of Medicine, 356(2), 115–124.

Müllner, M. (2005). Erfolgreich wissenschaftlich Arbeiten in der Klinik. Evidence based medicine. Wien, New York: Springer.

Pass, I., Lott, D., Lonardo, F., Harbut, M., Liu, Z., Tang, N., Carbone, M., Webb, C. & Wali, A. (2005). Asbestos Exposure, Pleural Mesothelioma and Serum Osteopontin Levels. The New England Journal of Medicine, 353, 1564–1573.

Reilly, M. C., Bracco, A., Ricci, J.-F., Sanotoro, J. & Stevens, T. (2004). The Validity and Accuracy of the Work Productivity and Activity Impairment Questionnaire – Irritable Bowel Syndrome Version (WPAI:IBS). Aliment Pharmacol Ther, 20(4), 459–467.

Robert Koch-Institut (2011). Jahrbuch meldepflichtiger Krankheiten für 2011. Berlin.

Rossboth, D., Gay, J. & Lin, V. (2007). Einführung in Evidence Based Medicine. Wien: facultas wuv.

Schulz, K. F., Altman, D. G., Moher, D., for the CONSORT Group (2010). CONSORT 2010 Statement: updated guidelines for reporting parallel group randomised trials. Ann Int Med, 152. Epub 24 March.

Schumacher, M. & Schulgen, G. (2002). Methodik klinischer Studien. Methodische Grundlagen der Planung, Durchführung und Auswertung. Berlin: Springer.

Skoog, I., Lernfelt, B., Landahl, S., Palmertz, B., Andreasson, L., Nilsson, L., Persson, G., Oden, A. & Svanborg, A. (1996). 15-year longitudinal study of blood pressure and dementia. The Lancet, 347, 1141–1145.

Svedberg, L. E., Nordahl, U. E. G. & Lundeberg, T. C. M. (2001). Effects of acupuncture on skin temperature in children with neurological disorders and cold feet. Complementary Therapies in Medicine, 9, 89–97.

Tashkin, D. P., Celli, B., Senn, S., Burkhart, D., Kesten, S., Menjoge, S., Decramer, M. (2008). A 4-Year Trial of Tiotropium in Chronic Obstructive Pulmonary Disease. The New England Journal of Medicine, 359(15), 1543–1554.

Torgerson, D. & Byford, S. (2002). Economic modelling before clinical trials. BJM, 325, 98.

Villeneuve, S., Cyr, D., Lynge, E., Orsi, L., Sabroe, S., Merletti, F., Gorini, G., Morales-Suarez-Varela, M., Ahrens, W., Baumgardt-Elms, C., Kaerlev, L., Eriksson, M., Hardell, L., Fevotte, J. & Guenel, P. (2010): Occupation and occupational exposure to endocrine disrupting chemicals in male breast cancer: a case-control study in Europe. Occupational & environmental medicine, 67, 837–844.

Wancata, J. (2009). Epidemiologie. In: H. Rittmannsberger & J. Wancata (Hrsg.). Österreichischer Schizophreniebericht 2008. Bundesministerium für Gesundheit. Wien, 19–26.

Waterkeyn, J. & Cairncross, S. (2005). Creating demand for sanitation and hygiene through Community Health Clubs: A cost-effective intervention in two districts in Zimbabwe. Social Science & Medicine, 61, 1958–1970.

Weatherall, M. (1999). Contralateral fracture of the proximal femur. The journal of bone and joint surgery, 81-B, 77–79.

Weiß, C. (2010). Basiswissen Medizinische Statistik. (5., überarbeitete Auflage). Heidelberg: Springer.

Zum Autor

Mag. Dr. Michael Benesch, Jahrgang 1968, geboren in Innsbruck, Österreich, absolvierte das Studium der Psychologie mit dem Schwerpunkt Psychologische Diagnostik sowie empirische Methoden an der Universität Wien. Als Unternehmensberater, Fachbuchautor sowie Lektor an verschiedenen Universitäten und Fachhochschulen (u. a. an der Universität Wien, der Wirtschaftsuniversität Wien, der Fachhochschule Wien und der Donau-Universität Krems) spezialisierte er sich auf die Verbindung von Wissenschaft und Dialog. Der Dialog (angelehnt an David Bohm und Martin Buber) dient dabei als kommunikativer Zugang, um positive Lernatmosphären zu schaffen, in welchen auch kompliziertere Inhalte im vernünftigen Maß nachhaltig vermittelt werden können. Michael Benesch ist als Projektentwickler, österreichischer Partner und Trainer maßgeblich an den ersten von der Europäischen Kommission geförderten Projekten zum Dialog in der Wissensvermittlung und zur Herausbildung kreativer Lernumgebungen beteiligt.
Er war zudem Projektbetreuer am Institut für Medizinische Statistik an der Universität Wien und hält seit fast 15 Jahren „Einsteigerseminare" zu Medizinischer Statistik/EBM für Pharmaunternehmen sowie öffentliche Einrichtungen.

Webpage: benesch.co.at
E-Mail: office@benesch.co.at

Von diesem Autor bei Facultas außerdem erschienen:

Michael Benesch (2011). Psychologie des Dialogs. Wien: Facultas UTB.

Raab-Steiner, Benesch (2011). Der Fragebogen. Von der Forschungsidee zur statistischen Auswertung mit SPSS. 3., aktualisierte Auflage. Wien: Facultas UTB.

Zur Autorin

FH-Prof. Mag. Dr. Elisabeth Raab-Steiner, DSA; Jahrgang 1970, studierte an der Akademie für Sozialarbeit und danach an der Universität Wien Psychologie, ihre Schwerpunktsetzungen lagen in der Psychologischen Diagnostik, Klinischen Psychologie und empirischen Methodik. Sie verfügt als Sozialarbeiterin und Klinische Psychologin in freier Praxis über mehrjährige Berufserfahrung. Neben ihrer praktischen Tätigkeit lehrte sie an verschiedenen Universitäten und Fachhochschulen. Seit 2005 ist sie an der Fachhochschule Campus Wien; seit 2012 in leitenden Positionen als Studiengangsleiterin des Masterstudiengangs „Sozialraumorientierte und Klinische Soziale Arbeit" und als wissenschaftliche Leiterin des Kompetenzzentrums Soziale Arbeit. Ihre Forschungsschwerpunkte liegen in der Sozialen Diagnostik, Sozialtherapie und Sozialarbeitswissenschaft.

E-Mail: elisabeth.raab-steiner@fh-campuswien.ac.at

Von dieser Autorin außerdem erschienen bei Facultas:

Raab-Steiner, Benesch (2011). Der Fragebogen. Von der Forschungsidee zur statistischen Auswertung mit SPSS. 3., aktualisierte Auflage. Wien: Facultas UTB.

Stichwortverzeichnis

Bildnachweis

10.1: „Rinder auf der Weide“ © motivation1965 – Fotolia.com; 16.1: Ausschnitt aus „Farm animals vector illustrations“ © alexyndr – Fotolia.com; 16.2: „breastfeeding“ © Cherry-Merry – Fotolia.com; 18.1: „George Horace Gallup, founder of the Gallup polls“ © Wikimedia Commons. URL: http://commons.wikimedia.org/wiki/File: George_Gallup.png; 20.1: „Hund Dalmatiner sitzend“ © fotowebbox – Fotolia.com; 24.1: „VIP“ © lassedesignen – Fotolia.com; 32.1: „Schwangerschaftstest“ © vector/AngelaStolle – Fotolia.com; 33.2: „One euro coin“ © mpanch – Fotolia.com; 35.1: „Far West“ © Antonio Gravante – Fotolia.com; 36.1: © Waterkeyn/Cairncross (2005), S. 1964; 40.1: „Columbo“ Wikimedia Commons © 1973 Margie Korshak Associates-publicity agency-Falk was appearing at an awards dinner in Chicago. URL: http://commons.wikimedia.org/wiki/File: Columbo_Peter_Falk_ 1973.JPG?uselang=de; 45.1: © Schumacher/Schulgen 2002, S. 329; 45.2: © Schumacher/Schulgen 2002, S. 332; 53.1: „Scientist with microscope“ © byheaven – Fotolia.com; 55.1: „Smiling Industrial Worker Giving Thumb Up“ © RGtimeline – Fotolia.com; 63.1: „Konfidenzintervalle für die Hazard Ratio“ © Motzer et al. 2007, S. 122; 67.1: „Malignes Melanom“ © http://gesundheitsblogger. de/news/files/ 2012/03/Infografik_Malignes_Melanom.jpg; 71.1: „Rechtecke“ © Cmon – Fotolia.com (19192150); 74.1: „Der epidemiologische Brunnen“ © http://www.infektionsbiologie.ch/seiten/konzepte/konzepte_krankheit_praevalenz.htm; 82.1: „Nichtraucher“ © Rumkugel – Fotolia.com; 84.1: „Risk“ © http://www. logicmanager.com/knowledge-center/erm-events.php; 92.1: „Vergleich von relativer und absoluter Risikoreduktion“ © http://www.gesundheit.uni-hamburg.de/cgi-bin/newsite/index.php?page=page_124; 109.1: „Thomas Bayes“, aus: Wikimedia Commons, Portrait of Bayes. URL: http://commons.wikimedia.org/wiki/File: Thomas_Bayes.gif?uselang=de filelinks; 114.1: © Pass et al. 2005; 114.2: © Pass et al. 2005; 141: „Beispiel eines Flussdiagramms“ © Tashkin et al. 2008, S. 1547.